青少年科技创新教育系列丛书

未来航空工程师

动力飞机

主编 郭 庆 方 健 赵 梦

编者 郭 庆 方 健 赵 梦

　　　蔡菲菲 刘飞飞 武庆庆

U0382301

西北工业大学出版社

西安

【内容简介】本书以现代飞机设计为基础，将动力系统引入模型飞机的设计，使学生了解飞机动力的来源、动力装置的作用、动力系统不同的安装方式对飞机的影响，从而调整飞机的总体设计和布局，让飞机飞得更高、更快、更远。

全书共16课：第1课~第4课带领学生走进航空模型的世界，探索飞机的动力系统；第5课~第9课详细讲述了不同布局形式动力飞机的特点和组装方法；第10课和第11课通过组装多动力飞机进行飞行测试，探究飞机的飞行性能；第12课~第16课教授学生自主设计、制作、调试动力模型飞机，同时介绍"中小学生航空创新设计挑战赛"相关比赛项目的规则。

本书适合作为青少年（8岁及以上）航空爱好者学习动力模型飞机设计与制作的教材，亦可作为航空科普读物供学习者阅读。

图书在版编目（ＣＩＰ）数据

未来航空工程师：动力飞机／郭庆，方健，赵梦主编. —西安 ： 西北工业大学出版社，2023.3

ISBN 978-7-5612-8421-6

Ⅰ.①未… Ⅱ.①郭… ②方… ③赵… Ⅲ.①飞机-设计-青少年读物 Ⅳ.①V22-49

中国版本图书馆CIP数据核字(2022)第176287号

WEILAI HANGKONG GONGCHENGSHI——DONGLI FEIJI

未来航空工程师——动力飞机

郭 庆 方 健 赵 梦 主编

责任编辑：卢颖慧		策划编辑：卢颖慧	
责任校对：李文乾		装帧设计：傅文煜	

出版发行 西北工业大学出版社

通信地址 西安市友谊西路127号　　邮编：710072

电　　话 （029）88491757 88493844

网　　址 www.nwpup.com

印 刷 者 陕西金和印务有限公司

开　　本 787mm×1092mm　　　　1/16

印　　张 7.25

字　　数 126千字

版　　次 2023年3月第1版　　2023年3月第1次印刷

书　　号 978-7-5612-8421-6

定　　价 49.00元

序

自1952年从清华大学毕业以来，我从事飞机设计工作40余年，参与了歼教-1、强-5、运-7、"飞豹"等十多个型号的设计和研制工作，见证了新中国航空工业从零到一、从基础薄弱到航空强国的发展历程。

童年时期，我目睹过日军飞机对我国的轰炸，这让我从小就萌生了航空报国的信念。我报考大学时，就认准了要学航空、要造飞机，三个志愿写的都是航空。

航空强国，教育兴国。教育是塑造青少年的，在青少年群体中普及科技教育尤其是航空科技教育，有利于增强青少年的爱国情怀，培养青少年的科学思维意识，激发青少年的创新能力和团队协作意识，促进青少年的全面健康发展。

"少年强则国强"，祖国的青少年有理想、有追求、有担当，实现中华民族伟大复兴就有源源不断的青春力量。创新的火花不是一蹴而就的，希望青少年朋友在学习的道路上，善于积累、勇于探索，把知识基础打牢，多思考、勤动手，未来定会绽放出"成果之花"。

本系列教材是一套针对青少年的航空创新教育丛书，在强调航空理论知识的同时，更注重创新实践能力的培养。希望对科学感兴趣的青少年朋友，能树立"未来工程师"的理想，在动手设计、制作、调试、飞行的过程中，感受航空科技的快乐和魅力。

中国工程院院士
"飞豹"歼击轰炸机总设计师

2022年9月

前　言

　　航空领域是科技创新的高地，众多"高、精、尖"技术的诞生，都源于不断发展的航空技术。航空技术是高度综合的现代科学技术，也是推动国家科研实力、国防实力和工业实力提升的重要力量。

　　为了提高国家航空技术水平，培养航空领域的后备人才，提升中小学科技素质教育整体水平，增强科技教育的趣味性，促进素质教育的多元化，由西北工业大学专家教授组建的"航小空"团队，特编写了适用于中小学生的《青少年科技创新教育系列丛书》。希望青少年在掌握模型飞机设计原则的基础上，最大限度地发挥主观能动性，设计并制作出独特的模型飞机。本系列丛书以航空模型为载体，结合专业的航空知识，强调理论知识学习的同时，更注重创新能力的培养，能够最大限度地激发青少年的创新能力，培养青少年的科学素养。

　　"航小空"是贯穿本书的卡通人物形象，也是"中小学生航空创新设计挑战赛"的形象代言人。希望有着航空梦的青少年朋友们跟随"航小空"的脚步，从"小小飞机设计师"启航，通过不断学习和实践，成为"航空工程师"。

编　者

2022年9月

目 录

I

第1课
走进航空模型的世界

如今，飞机已成为人类最重要的交通工具之一。其实在飞机诞生之前，人类就创造了许多能飞行的航空模型，不断探索着飞行的奥秘。

【学习目标】

★ 了解航空模型的定义
★ 熟悉航空模型的分类
★ 探究橡筋动力模型飞机的奥秘
★ 掌握橡筋动力模型飞机的制作方法

1.1 航空模型的定义

航空模型是一种重于空气的、有尺寸和重量限制，带有或不带有动力的，用于竞赛、运动、科研或娱乐，不可载人的模型航空器。

【比较一下】

飞机模型一般只用于装饰、展示等，不可以飞行。它是以原型飞机为参照，按一定比例缩小制作的静态模型。

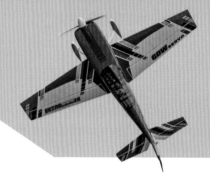

模型飞机是能在空中飞行，不能载人的航空器。模型飞机主要由机翼、尾翼、机身、起落装置和动力装置五部分组成。

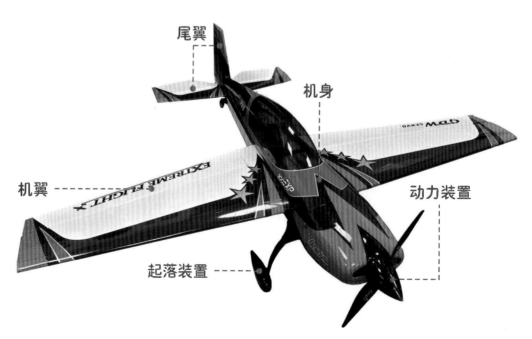

尾翼

机身

机翼

动力装置

起落装置

1.2 航空模型的分类

根据航空模型飞机（可简称"航模飞机"）操纵形式的不同，我们通常可以将其分为三大类：自由飞行类、线操纵圆周飞行类以及无线电遥控飞行类。

1.自由飞行类

此类模型飞机飞行时，运动员对模型不加任何操纵，只是在放飞前进行各种调整，以便获得良好的飞行性能。一旦放飞后，只能让它自由地飞行，所以称为自由飞行类。

2.线操纵圆周飞行类

此类模型飞机飞行时，以发动机为动力，运动员通过两根钢丝操纵升降舵，使模型飞机上下运动，模型飞机同时围绕着运动员做圆周飞行。

3.无线电遥控飞行类

此类模型飞机飞行时，运动员通过地面的无线电发射机发出各种信号，模型飞机上的接收机收到信号后，通过相应的执行机构操纵飞机的各个舵面，完成各种飞行动作。

1.橡筋动力模型飞机的诞生

19世纪70年代，法国人佩诺成功制造了一架初级杆身橡筋动力模型飞机。这架飞机由扭转的橡皮筋作为动力驱动装置，在机身尾部还装有推进式的螺旋桨。

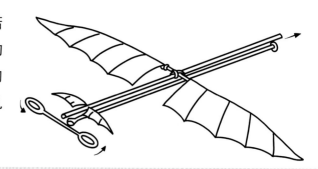

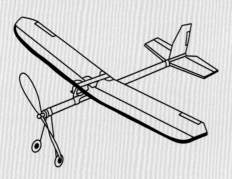

橡筋动力模型飞机的诞生早于莱特兄弟发明的"飞行者一号"动力飞机，因此也有人称其为"飞机的祖先"。

2.橡筋动力的产生

反向旋转绞动橡皮筋的过程中，橡皮筋逐渐被拉伸，橡皮筋积蓄了收缩的回弹力，这样橡筋束便有了能量。这种能量会带动螺旋桨转动，产生的拉力便可使模型飞机爬升飞行，动力用完后，模型飞机滑翔下降。

1.4 橡筋动力模型飞机的制作

1.制作材料

在开始制作之前，我们需要先认识橡筋动力模型飞机的主体部件及组装配件。

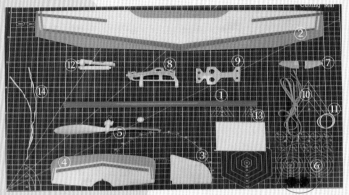

主体部件：

①机身杆；

②机翼；

③垂直尾翼；

④水平尾翼；

⑤螺旋桨及整流罩；

⑥起落架、轮子及轮挡。

组装配件：

⑦机翼定型片；

⑧翼台；

⑨压片；

⑩长条橡皮筋；

⑪圆形橡皮筋；

⑫尾翼翼座及卡扣；

⑬双面胶；

⑭扎丝。

2.制作步骤

（1）定型机翼。

①按照机翼压痕折出机翼翼型。

②给机翼定型片贴上双面胶，再将定型片贴到机翼上反角背面。注意定型片的方向。

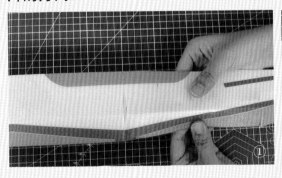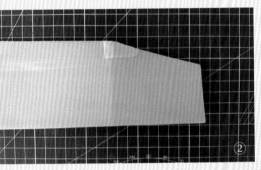

（2）安装翼台。

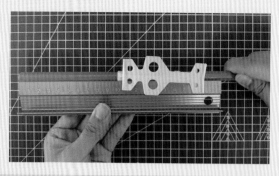

将翼台套入机身杆，把翼台前端和机身前端的距离调整为10厘米。注意安装翼台的前后方向。

（3）安装机翼。

①给翼台贴上双面胶，将机翼粘贴到翼台上。

注意：机翼前后缘不要搞错，有折痕的方向为前缘，粘贴两边机翼时应对称。

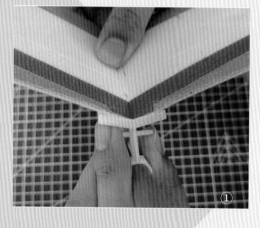

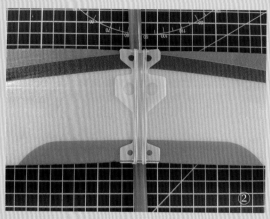

②用压片将机翼固定好，然后再用两个圆形橡皮筋进行捆扎加固。

（4）安装橡皮筋。

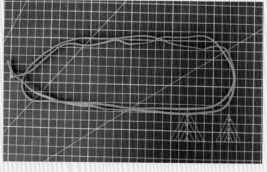

将橡皮筋两端对折打结后，绕两圈。

（5）用配套的扎丝辅助，将橡皮筋穿过机身。

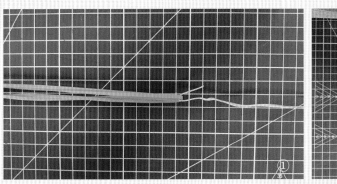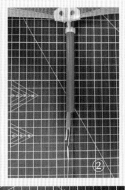

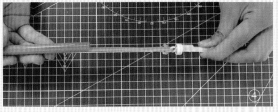

橡皮筋一端与螺旋桨挂钩连接，另一端与尾翼翼座挂钩连接。

注意：橡皮筋的结挂在尾钩处。

（6）安装螺旋桨、整流罩与起落架。

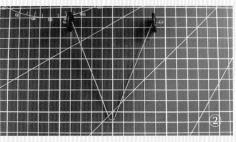

（7）安装尾翼。

注意：垂直尾翼与水平尾翼垂直安装。

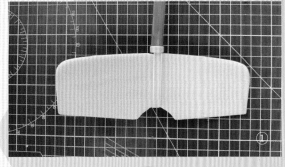

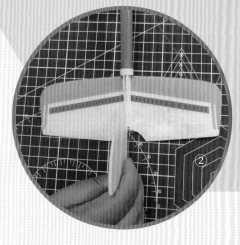

（8）安装完成。

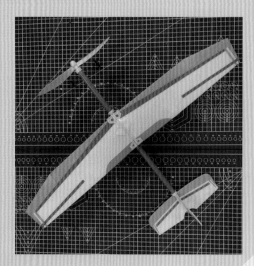

3.检查与矫正

（1）检查机翼是否对称；

（2）检查机翼上反角两边的角度是否一致；

（3）检查垂直尾翼是否与机身纵轴一致；

（4）检查水平尾翼是否与模型飞机横轴一致；

（5）检查橡皮筋有无断裂，如有断裂要及时更换动力橡皮筋；

（6）检查螺旋桨能否正常转动。

【拓展知识】

如何确定螺旋桨的旋转方向？

左手抓着机身，右手按照同一个方向旋转螺旋桨60~100圈，松开右手，感受螺旋桨转动时风吹的方向。如果风吹向机尾，则螺旋桨旋转方向正确；如果风吹向机头，则螺旋桨旋转方向错误。

调整方法：如果螺旋桨转动时风吹向机头，则反方向旋转螺旋桨，确保风是吹向机尾的。

第 2 课
飞行试验 —— 橡筋动力模型飞机

通过第1课的学习，我们了解了航空模型的基础知识，并成功制作了橡筋动力模型飞机。本节课，我们来进行试飞，看谁的橡筋动力模型飞机飞得最远！

【学习目标】

★ 探究动力对飞机飞行的影响
★ 熟悉橡筋动力模型飞机的飞行安全要求
★ 掌握橡筋动力模型飞机的飞行调试技巧

2.1 动力对飞机飞行的影响

【思考一下】

如果没有动力，飞机能飞吗？　　　　　如果动力比较小，飞机能飞吗？

① ②

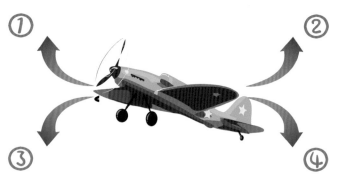

③ ④

动力越大，飞机飞得越好吗？　　　　橡筋动力模型飞机能飞多远？

2.2 飞行安全注意事项

1.安全注意事项

（1）应在空旷的场地放飞模型飞机，防止撞伤行人。

（2）放飞模型飞机时，螺旋桨不能对着人。

（3）绝对不可以用手指阻停旋转的螺旋桨，高速旋转的螺旋桨非常锋利，容易割伤手指。

2.放飞技巧

因为橡筋动力模型飞机带有一定的动力，所以出手方式最好是送（推）出模型飞机，而不是投掷。飞机平稳飞行的要点是飞机重心的调整。橡筋动力模型飞机的重心在机翼前缘1/3~1/2处，也就是机翼折痕后部附近。可以通过手指掂量的方式来初步判断飞机的重心是否合适。在飞行中，我们也可以通过飞机的飞行状态来调整飞机的重心。

3.飞行状态与调整方法

（1）飞行状态：橡筋动力模型飞机出手后机头下栽，迅速落地。

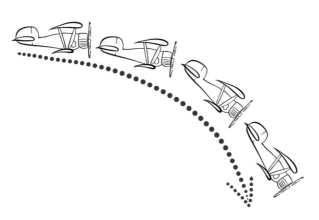

原因	调整方法
模型飞机重心靠前。	将模型飞机的翼台前移，再测试重心位置；进行试飞，直到模型飞机不再出现栽头现象。

（2）飞行状态：橡筋动力模型飞机出手后机头迅速抬起，飞机失稳掉落。

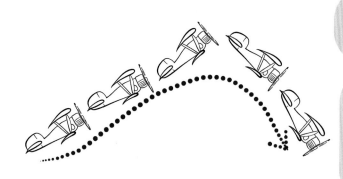

原因

模型飞机重心靠后。

调整方法

将模型飞机的翼台后移，然后试飞。直到模型飞机出手后不再出现抬头现象。

（3）飞行状态：橡筋动力模型飞机出手后波状飞行，滑翔轨迹起伏如波浪。

原因

①水平尾翼安装角度出现偏差及重心位置不对；
②起飞方法不对或出手力度过大；
③机翼迎角过大。

调整方法

①调平水平尾翼并调整翼台的前后位置；
②改变起飞角度或出手力度；
③调整机翼迎角角度。

（4）飞行状态：橡筋动力模型飞机出手后急剧向左偏转。

原因

螺旋桨旋转产生的反作用力会带动模型飞机偏航，因此在动力较大的情况下，未能抵消向左的拉力，飞机就会向左偏。

调整方法

模型飞机出手时，将机体沿横滚轴向右倾斜5°左右，抵消螺旋桨的左拉力。

（5）飞行状态：橡筋动力模型飞机出手后会出现水平左右偏航飞行、左右横滚飞行、缓慢的抬头或低头飞行等现象。

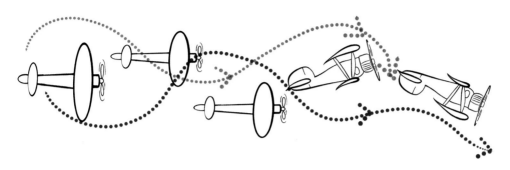

原因

　　这可能是模型飞机机翼不对称、上反角不对称、水平尾翼或垂直尾翼的安装有偏差等原因所导致的。

调整方法

　　调整机翼或上反角，使其左右对称，校准水平尾翼或垂直尾翼的角度。

4.试飞安排与要求

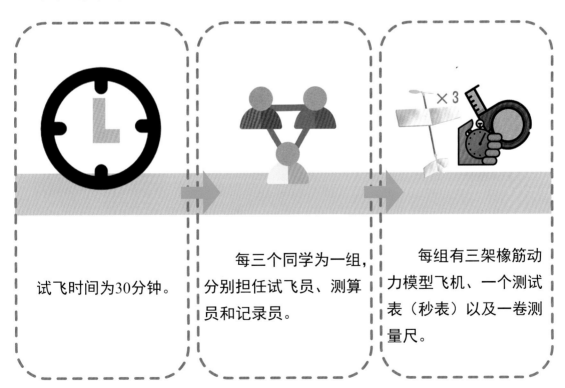

试飞时间为30分钟。

每三个同学为一组，分别担任试飞员、测算员和记录员。

每组有三架橡筋动力模型飞机、一个测试表（秒表）以及一卷测量尺。

2.3 飞行试验

准备好，就可以去操场试飞啦！

在试飞时需要调整螺旋桨的旋转圈数，观察飞机的飞行状态，并填写飞行日志。

飞行日志——橡筋动力模型飞机

橡筋圈数	飞行员	距离/米	时长/秒	姿态	调整改进
0圈	1				
	2				
	3				
60~80圈	1				
	2				
	3				
130~150圈	1				
	2				
	3				

第3课
动力系统探究——动力的来源

飞行是人类由来已久的梦想，而航空发动机作为飞机的动力来源，是飞行得以实现和发展的核心要素之一。如果将飞机比喻成一个人，那么航空发动机就是飞机的"心脏"。

【学习目标】

★ 了解飞机的动力来源及航空发动机的演变

★ 初步认识动力燃料及航模电池的特点

★ 通过电路实验探究电源的性质

【飞行知多少】

没有动力飞机能飞吗?

飞机在飞行过程中由机翼提供升力,如果没有发动机提供的动力,飞机就无法向前飞行。飞机在失去动力以后,飞行速度也会降低,当机翼提供的升力不足以抵消飞机重力时,飞机会失速坠地。

发动机提供动力

机翼提供升力

3.1 飞机动力来源——发动机

在航空发展的初期,由于缺乏合适的动力,飞机的发明比以蒸汽机为代表的工业革命晚了近140年。1876年,德国机械工程师奥托发明了活塞式内燃发动机,随后被成功地应用于驱动汽车。直到19世纪末20世纪初,活塞式发动机与螺旋桨组合安装到飞机上,人类才终于圆了飞行梦。

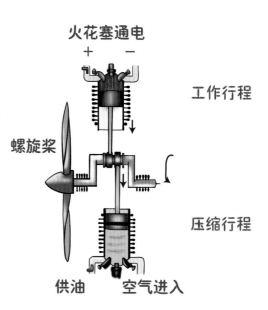

火花塞通电

工作行程

螺旋桨

压缩行程

供油　　空气进入

螺旋桨活塞式发动机示意图

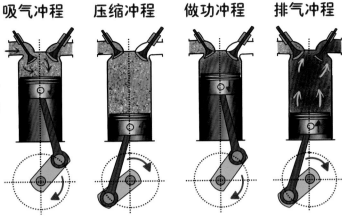

吸气冲程　　压缩冲程　　做功冲程　　排气冲程

四冲程活塞式发动机工作原理图

飞机诞生之后的40余年里，活塞式螺旋桨飞机成为天空的主宰，并在20世纪的两次世界大战期间大显身手。

20世纪40年代后，为了追求更高、更快的飞行目标，航空涡轮喷气式发动机技术日趋成熟，推动航空发动机从活塞时代迈入喷气时代。此后，伴随着民用航空事业的快速发展，大涵道比涡扇发动机和宽体客机相继出现，使得航空运输成本大大降低，飞机逐渐成为普通大众常见的交通工具。

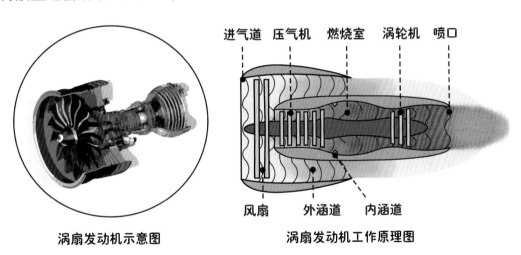

进气道　压气机　燃烧室　涡轮机　喷口

风扇　　外涵道　　内涵道

涡扇发动机示意图　　　涡扇发动机工作原理图

21世纪，航空动力技术呈现加速发展趋势，极有可能研制出超过声速5~10倍的高超声速飞行器及空天飞机，使人类进入更加经济、安全、快速、便捷的高超声速空天航行时代，开辟人类航空史上的新纪元。

航空发动机不仅是飞机的动力来源，对航空发动机的研究还推动了航空技术的发展。人类在航空领域中取得的每一次重大革命性进展，无不与航空动力技术的突破相关。飞机的需求和发展促使发动机向更高水平迈进，两者相辅相成，推动了整个航空事业的蓬勃发展。

3.2 航模飞机的动力系统：油动与电动

根据动力系统能量来源的不同，航模飞机可分为油动与电动两大类。其中，油动航模飞机的燃料包括汽油、航空煤油、甲醇与柴油，而电动航模飞机的能量来源主要是电池。

动力系统
- 油动
  - 汽油
  - 航空煤油
  - 甲醇
  - 柴油
- 电动
  - 电池

1.汽油

汽油是人们最为熟悉的动力能源，日常家用的汽车、摩托车使用的都是汽油。在航空领域，小的轻型飞机与尺寸较大的航模一般用汽油来做动力。

2.航空煤油

作为动力能源，航空煤油比汽油出现的时间晚。在飞机诞生的早期，采用的是活塞式发动机，这一时期用汽油做燃料就十分合适。但随着人们对飞行速度与飞机载重要求的不断提升，活塞式发动机渐渐不能满足飞机的动力需求。人们开始提炼出更适合的动力能源——航空煤油。

对航空涡轮发动机来说，汽油易挥发、燃点低、易燃烧；柴油黏度太大，在燃气轮机里容易堵塞特别细小的燃烧喷嘴；而航空煤油具有密度适宜、热值高、燃烧性能好、热安定性与抗氧化安定性强、洁净度高、硫醇性硫含量低等优点，能满足飞机在寒冷低温地区及超声速、高空飞行的需要，而且对机件腐蚀小。

3.甲醇

甲醇燃料是一种新型清洁燃料，具有含氧量高、热值比汽油弱的特点，但甲醇具有一定的毒性，不完全燃烧易形成非常规污染排放物。航模飞机安装的甲醇发动机具有转速高、响应速度快的优势，缺点是甲醇发动机寿命短、油耗大，一般适用于小型航模飞机。

4.柴油

柴油多使用在大型车辆上，如运输车、瓦罐车等，较少用在航空领域。

可以简单理解为：汽车烧汽油、卡车烧柴油、飞机烧航空煤油。

5.电池

根据原材料不同，电池可分为很多种类，例如碱性电池、镍镉电池、镍氢电池、锂铁电池、锂离子电池、锂聚合物电池等。

各种电池因为材料不同，所具备的性能也不同。电动航模飞机对电池的要求是重量轻、容量大、放电倍率高。

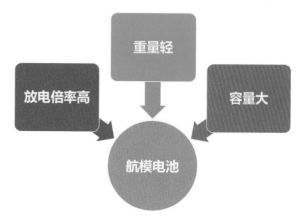

放电倍率是放电快慢的一种量度，是指电池在规定的时间内放出其额定容量时所需要的电流强度。它在数值上等于电池额定容量的倍数，即"放电电流÷电池额定容量=放电倍率"。

电动航模飞机中，为了达到这三个目标，一般会采用锂离子电池或锂聚合物电池。

3.3 电路实验

本节课，我们将以电源作为探究目标，通过对比电池的串并联，探究电压对灯泡亮度的影响。

1.认识电路实验器材

实验器材包括单刀开关1个、电池卡座2个、灯泡底座2个、5号电池2节、纯铜导线6根、2.5伏小灯泡5个。

2.认识简单的电路图

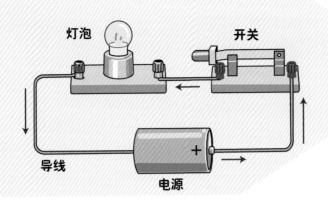

灯泡　开关

导线　电源

【拓展知识】

电路的串联与并联

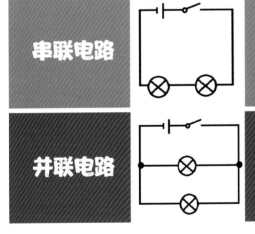

串联电路	几个导体元件依次首尾相连的方式称为串联电路。串联电路中，电流处处相等，电压等于各用电器两端的电压之和。
并联电路	如果电路各元件并列地连接在电路两点间，这种电路就叫作并联电路。在并联电路中，电压相等，总电流等于各支路电流之和。

3.小组分工

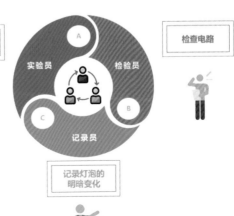

连接电路　检查电路

实验员　检验员

A　B

C

记录员

记录灯泡的明暗变化

　每个小组有3名成员，其中一人为检验员，一人为实验员，一人为记录员。

4.实验步骤

　　将电池、灯泡与电闸开关依次连接，注意电池的正负极接法。电闸开关在连入电路时应该是断开的，在确认电路连接无误后再闭合。

　　（1）串联电路：1个电池、1个电闸以及1个灯泡。

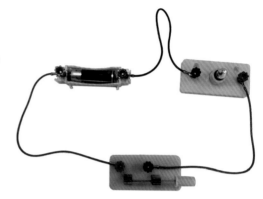

　　（2）串联电路：2个电池串联、1个电闸和1个灯泡。

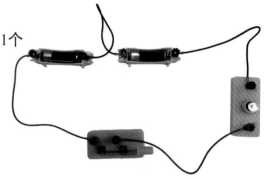

　　（3）并联电路：2个电池并联、1个电闸和1个灯泡。

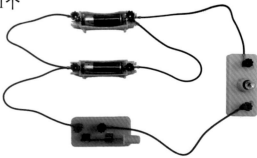

5.观察并记录实验结果

不同的电路连接会对灯泡产生什么样的影响？

电路连接	1个电池串联	2个电池串联	2个电池并联
灯泡亮度			

6.原理阐释

与单节电池相比，两节电池串联时，由于电压增加，所以灯泡变得更亮。
与单节电池相比，两节电池并联时，电压不变，所以灯泡不会变亮。

7.实验结论

电源（电池）的电压值会对用电器的工作
情况产生影响。所以在为电动航模飞机挑选合
适的电池时，需要考虑用电器的额定电压。

第 4 课
动力系统探究——螺旋桨与电机

电动航模飞机的动力系统不只有电池，还包括螺旋桨、电机、电子调速器等，本节课我们就来认识螺旋桨与电机。

【学习目标】

★ 初步认识螺旋桨

★ 了解航模电机的作用

★ 通过制作不同螺旋桨的动力赛车，对航模动力系统进行地面探究

4.1 认识螺旋桨

1.螺旋桨

螺旋桨是指靠桨叶在空气或水中旋转，将发动机转动功率转化为推进力的装置。螺旋桨是由两个或较多的叶片与毂相连，叶片向后一面为螺旋面或近似于螺旋面的一种推进器。螺旋桨分为很多种，应用也十分广泛，如飞机、轮船的推进器等。

2.航模飞机螺旋桨的选择

螺旋桨的大小要与航模飞机的尺寸、动力系统、飞行性能相匹配。有些航模飞机为了效率高、续航时间长，会选用尺寸较大的桨叶。有些航模飞机为了飞行速度快，会选用小螺旋桨搭配高转速的电机。

4.2 航模电机

什么是电动机?

电动机是把电能转换成机械能的一种设备。

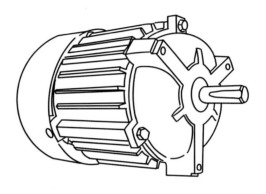

电动机

航模电机是指在航模飞机上使用的电动机,它能将存储在电池中的电能转化为驱动螺旋桨旋转的机械能。

相较于有刷电机而言,无刷电机的效率更高、功率更大,且低转速时扭力特性更好,因此广泛应用于电动航模飞机。

航模电机

4.3 制作螺旋桨动力赛车

同学们想不想用螺旋桨和电机制作一辆会跑的赛车呢？今天我们就来动手试试，看看哪种桨叶的赛车跑得更快！

1.制作任务

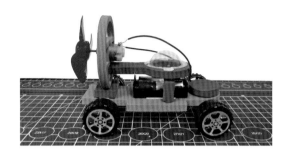

制作一辆螺旋桨动力赛车。

2.制作材料

螺旋桨动力赛车套装：

①车体（1~7号件）；

②车轮×4；

③车轴×2；

④细白管×2；

⑤电池×2；

⑥电池盒×1；

⑦透明盖×1；

⑧电机×1；

⑨双面胶×2；

⑩桨叶×2 。

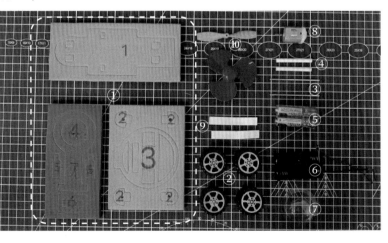

3.制作步骤

（1）将车体材料的2号件安装在1号件上。

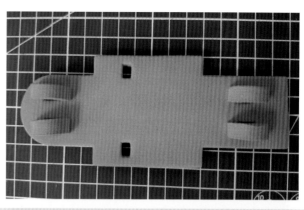

（2）先将细白管插进车体材料的2号件中，车轴插入细白管中，然后将车轮固定在车轴上。

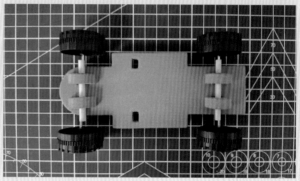

（3）将蓝色各部件如图装好。（需要在车体材料的4号件和6号件的一面贴上双面胶）。

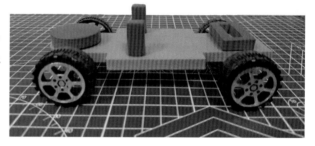

（4）将电池装在电池盒中，在电池盒的背面贴上双面胶，将电池盒装在如图所示的位置。

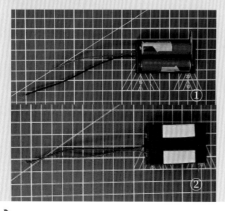

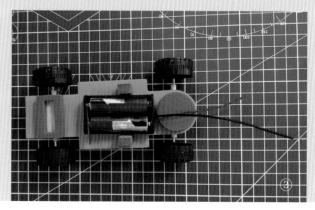

（5）将车体材料的3号件安装在6号件上。

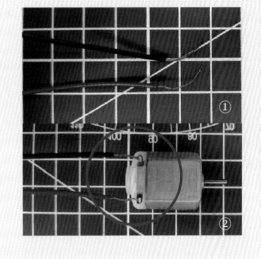

（6）将电池盒两条导线的铜丝分别拧成一股（如图所示），插入电机连接口并固定。

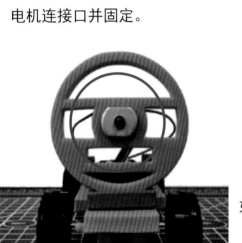

（7）将电机安装在车体材料的3号件如图所示的位置。

（8）将双面胶剪成边长为1厘米的正方形，贴在如图所示的蓝色部件上。

（9）将车体材料的7号件安装在3号件如图所示的位置上。

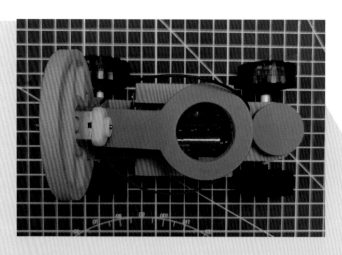

（10）在车体材料的7号件上贴上双面胶，将透明盖贴在7号件上。

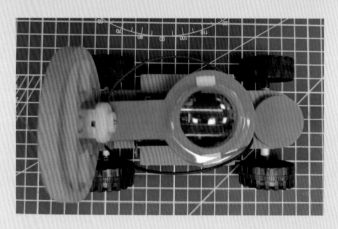

（11）在电机轴的前端安装螺旋桨，螺旋桨动力赛车制作完成。

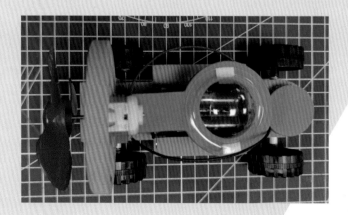

4.实验测试

在相同距离的情况下，更换不同的桨叶（三叶桨与细长螺旋桨）进行测试，观察安装哪种桨叶的小车跑得更快？

5.实验结论

本次实验中，细长螺旋桨质量更轻、阻力更小、转速更高，相较三叶桨推力更大，因此安装细长螺旋桨的小车跑得更快。

> 注：现实中，决定螺旋桨推力的因素是多种多样的，本实验意在说明不同种类螺旋桨的作用效果存在区别，此处不对具体原理做深入探究。

【拓展知识】

船用螺旋桨与飞机螺旋桨

船用螺旋桨

飞机螺旋桨

从外形上看，船用螺旋桨与飞机螺旋桨区别很大：船用螺旋桨的桨叶很宽、很大，而飞机螺旋桨的桨叶比较细长。

轮船为什么选用宽大桨叶?

空气的密度与水的密度是不一样的,水的密度比空气大了近千倍。水的密度大,阻力也大,细长的桨叶在水里的推进效率很低,而转速太高的话可能会损坏桨叶。因此船用发动机的转速不会很高,而是通过宽大的叶片来获得更大的推力。

飞机为什么不使用宽大的桨叶呢?

(1)宽大的桨叶会影响空气通量。

飞机在空中高速飞行时,需要极高的空气通量,如果像轮船一样拥有宽大的桨叶,这会大大影响空气的通过量。空气通量减少意味着飞机会在空中失去升力,这对飞机来说是灾难性的。

(2)螺旋桨材质的限制。

飞机在飞行的时候需要螺旋桨以极高的转速运行,如果采用宽大的桨叶,桨叶承受的压力会增大。而且在极高的转速下,宽大桨叶无法承受如此大的压力,极有可能变形甚至断裂。

第5课

螺旋桨飞机的动力布局

螺旋桨飞机最显著的特征，就是飞机发动机上装有螺旋桨部件。而螺旋桨飞机之所以能够飞上天，就是借助了螺旋桨在发动机驱动下高速旋转所产生的力量，带动飞机向前飞行。

【学习目标】

★ 了解螺旋桨飞机的发展历程

★ 认识螺旋桨飞机动力布局的形式

★ 掌握常规布局飞机的制作方法

5.1 螺旋桨飞机的发展历程

1903年12月17日，莱特兄弟研制的"飞行者一号"螺旋桨飞机试飞成功。"飞行者一号"是人类历史上第一架载人、自有动力、可控操作的双翼飞行器。它开启了航空的新纪元，标志着人类初步具备了自由飞翔的能力。

在喷气式发动机出现以前，所有带动力的航空器无不以螺旋桨作为产生推动力的装置。后来，人们又研制出了涡轮螺旋桨发动机和涡轮桨扇发动机。用这两种发动机驱动螺旋桨，可使螺旋桨的工作效率大大提高，同时也可提高飞机的性能。

时至今日，螺旋桨飞机并没有离开我们的视线。在民航领域，使用螺旋桨驱动的支线客机仍然发挥着重要的作用。

5.2 拉进式布局与推进式布局

螺旋桨飞机的动力布局主要有拉进式和推进式两种。

1. 拉进式布局

拉进式布局是指动力装置装在飞行器前部，由螺旋桨转动产生向前的拉力使飞行器飞行。

拉进式布局的特点

（1）有利于配平重心。

飞机要平稳地飞行，重心是关键因素之一。将动力装置放置于机头部位，更有利于飞机的配平与稳定。

（2）提升机翼的升力。

螺旋桨装在机翼前，螺旋桨后面的高速气流还可用来增加机翼升力，改善飞机起飞性能。

（3）螺旋桨和电机容易受到损伤。

在航空模型飞机中，常规的拉进式设计有一个弱点，就是模型着陆时稍受冲撞便会打坏螺旋桨甚至电机。

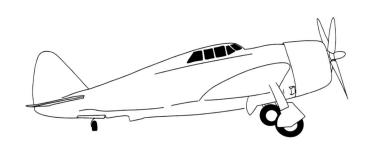

2.推进式布局

推进式布局是指动力装置装在飞行器后部，由螺旋桨转动产生向前的推力使飞行器飞行。

推进式布局的特点

（1）降低机体的阻力。

推进式布局可以使机体避开螺旋桨转动产生的气流，降低机体阻力。飞机前方视野不受阻碍，机头空间充足，便于安装武器。

（2）螺旋桨的效率会被降低。

推进式布局的飞机虽然机体阻力降低了，但飞行时机体带来的紊流却会影响机体尾部螺旋桨的工作效率。另外，由于动力系统位于机身中后部，为了飞机能够配平，需要在机头增加配重，这也就增加了飞机的总体重量。

（3）需要增加后起落架的高度。

螺旋桨位于机身后方，飞机降落时必须特别注意仰角，如仰角过大，就会导致螺旋桨叶触地，飞机损坏。因此，推进式布局的飞机，一般其后起落架会很高，以保障螺旋桨的安全。

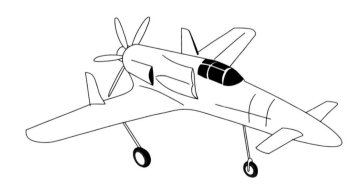

5.3 制作常规布局飞机主体

1.制作飞机主体

（1）清点器材。

制作飞机之前，我们要先清点一下需要使用的器材与工具。

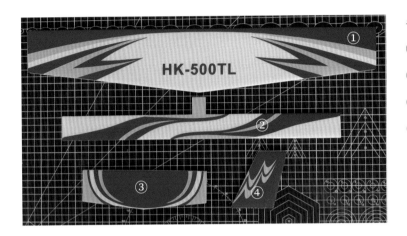

器材组件：

①机翼；

②机身；

③水平尾翼；

④垂直尾翼。

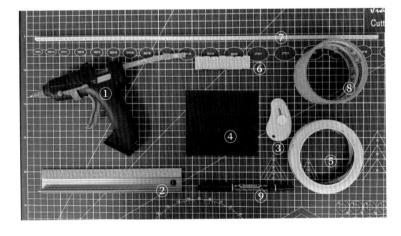

工具组件：

①热熔胶枪、胶棒；

②护手尺；

③护手刀；

④砂纸；

⑤纤维胶带；

⑥配重片；

⑦松木条；

⑧透明胶带；

⑨马克笔。

（2）打磨机翼。

①测量机翼前后缘1厘米的距离，并用马克笔标记出来。

②用刀沿边缘线轻轻划破蒙皮，不要切太深。

③将前后缘的蒙皮薄膜撕掉，露出KT板泡沫。

（注：KT板是一种由聚苯乙烯颗粒经过发泡生成板芯，经过表面覆膜压合而成的一种新型材料。）

④用砂纸打磨KT板，做出机翼翼型。

注意：打磨后的机翼前后缘变薄，可以用纤维胶带加固。

（3）组装机身、机翼与尾翼。

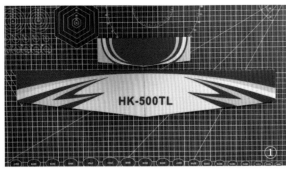

①测量：测量机翼与尾翼长度，取中间值，画出连接线。

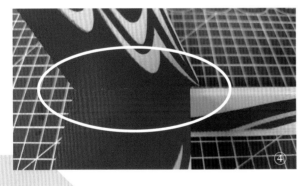

②安装：沿画好的线将机翼与尾翼装在机身上，尾翼靠后，机翼靠在机身前25%处。

③打胶：利用热熔胶，固定好机翼、水平尾翼与垂直尾翼。

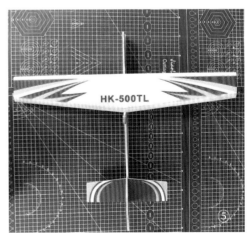

④控制：在能够粘稳飞机的前提下，尽量少用胶，以减轻飞机重量。

⑤飞机制作完成。

注意：将飞机安装对称、整齐。

2.热熔胶枪的安全使用方法

热熔胶是一种具有可塑性的黏合剂，常温呈固体状态，加热融化后能快速粘接。热熔胶枪通电后能快速加热胶棒。

（1）把胶棒插入胶枪，并连接上电源，打开胶枪上的开关，此时胶枪上的指示灯会亮，说明胶枪处于加热状态。

（2）胶枪需要预热3~5分钟，胶枪不用时请关闭开关，并将支架打开，使其立在桌面上（铺上垫板或垫纸，谨防滴胶）。

（3）胶枪喷嘴及熔胶温度非常高，除手柄外不可接触其他部分。切勿从进胶口拉出胶条，否则可能导致严重灼伤或损坏胶枪。

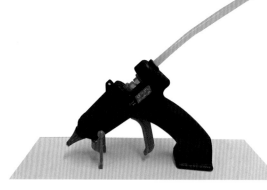

3.安装检查

飞机安装检查事项（符合要求打√，不符合打×）

检查事项	安装情况
机翼安装牢固	
尾翼安装牢固	
机翼与机身垂直	
机翼与水平尾翼平行	
垂直尾翼与机身在一条线上	

第6课

动力系统的组装

上节课，我们组装了一架常规布局飞机。为了能让飞机飞得更高、更远，我们一起来为飞机安装动力系统吧！

【学习目标】

★ 了解单动力飞机的动力系统

★ 学会区分螺旋桨的正桨与反桨

★ 掌握动力系统的安装方法

★ 掌握飞机的加固与调试方法

6.1 动力系统

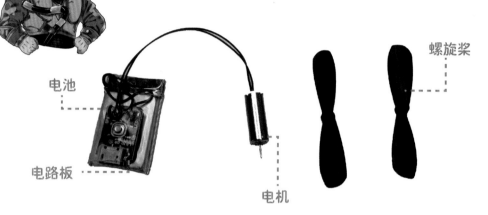

单动力飞机的动力系统包括四个部分：电池、电路板、电机与螺旋桨。

（1）电池：充电时间大约为1小时，充满电后支持飞行6~10次（电池鼓包后不可再用）。

（2）电路板：配件中绿色的板是电路板，它包括电路线、控制开关与充电插口。按下开关后，电机会带动螺旋桨转动，每次转动约15秒。

（3）716空心杯电机：用来带动螺旋桨转动，整体呈圆柱形。

（4）螺旋桨：桨叶上有字母，可以用来区分正桨和反桨。

6.2 区分正桨与反桨

1.螺旋桨的特点

仔细观察螺旋桨，我们会发现螺旋桨像是变形了的机翼，其截面是有翼型的，桨叶凸出的一面朝向螺旋桨的前方（正面），即螺旋桨旋转时产生力的方向，这个方向与飞行方向相同。

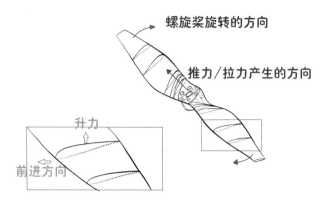

螺旋桨旋转的方向

推力/拉力产生的方向

升力

前进方向

2.正桨与反桨的区别

桨叶上带字母的一面为正面。
将桨叶正面朝上，平置在桌面上，
观察一下桨叶右侧边缘的高低。

桨叶由较低的一边向较高的一边旋转。

低

高

逆时针旋转产生拉力的螺旋桨为正桨，顺时针旋转产生拉力的螺旋桨为
反桨。

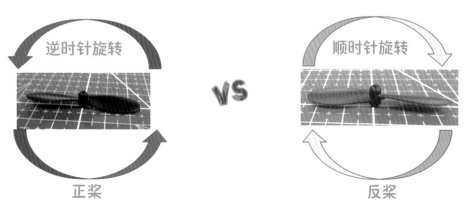

逆时针旋转

VS

顺时针旋转

正桨

反桨

未来航空工程师——动力飞机

当使用单发动力时，螺旋桨的正面要与飞机前进的方向保持一致。正桨用在拉进式布局的飞机上，拉动飞机前进；反桨用在推进式布局的飞机上，推动飞机前进。

1.安装动力系统

拉进式：电机安装在机头，往外伸出5毫米。电池距机头2厘米，将连接线抚平，电路板顺势粘贴即可。

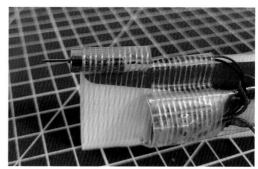

拉进式动力系统安装示意图

推进式：电机安装在机身中部凸起的位置，往外伸出5毫米。然后将连接线抚平，顺势粘贴电路板与电池（电池尽量靠前）。

推进式动力系统安装示意图

注意

安装动力模块时，先不要安装螺旋桨，螺旋桨应在试飞时安装。

2.加固飞机（以单动力拉进式布局飞机为例）

由于材料的限制，KT板飞机在飞行过程中非常容易受到损伤，因此在制作的过程中，需要对飞机进行加固。

（1）使用松木条加固机身。

①将松木条放在机身的下侧，使松木条伸出机头1厘米（松木条凸出机头的位置加上保护套），然后用马克笔在机尾处进行标记。

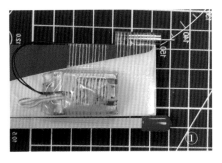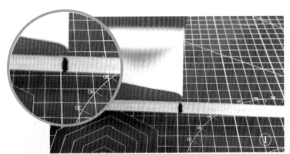

②用护手刀裁掉机尾后多余的松木条。

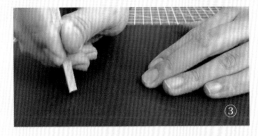

③将裁好的松木条在砂纸上进行打磨。

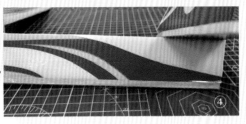

④用透明胶带将松木条固定在机身下方。

（2）使用胶带加固机翼。

（3）制作完成。

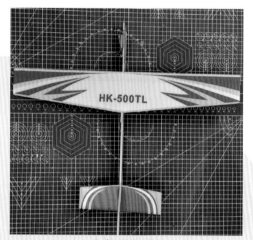

飞机正面图

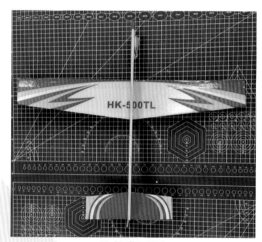

飞机背面图

3.调整飞机的重心位置

模型飞机在空中平稳飞行的条件之一就是重心与升力中心重合或重心略微靠前。

在测试时，我们可以通过掂起模型飞机升力中心的位置，来看它的配重是否合适。如果机头抬起，说明重心靠后，可将电池前移进行配平；如果机头下栽，说明重心靠前，可将电池后移进行配平；电池线不够长时，可使用配重片进行配平。

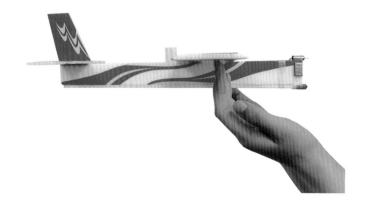

第 7 课
鸭式布局动力飞机

进入新世纪之后，我国在军用飞机领域取得了长足的进步，诞生了以"20家族"为代表的新一代空中力量。尤其是以歼-20为代表的隐身战斗机更是让我们国家的空战力量跻身世界前列。那么歼-20战斗机的鸭式布局有哪些优点，"20家族"里还有哪些飞机，让我们跟随本课内容一起来了解一下。

【学习目标】

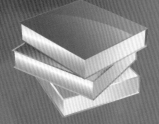

★ 了解中国空军"20家族"
★ 学习鸭式布局战斗机的特点
★ 制作鸭式布局动力飞机

歼-20

歼-20代号"威龙",是航空工业成都飞机工业（集团）有限责任公司研制的一款具备高隐身性、高态势感知、高机动性等能力的制空战斗机。它于2017年3月已服役,是中国第一架隐形飞机。

歼-20

歼-20采用了单座、双发、全动双垂尾、DSI鼓包式进气道、上反鸭翼带尖拱边条的鸭式气动布局。机头、机身呈菱形,垂直尾翼向外倾斜,起落架舱门为锯齿边设计。侧弹舱采用创新结构,可将导弹发射挂架预先封闭于外侧,同时配备中国国内最先进的新型格斗导弹。

运-20

运-20代号"鲲鹏",是中国自主研究制造的新一代军用重型运输机,于2013年1月26日首飞成功。运-20作为重型多用途运输机,可在复杂气象条件下执行各种物资和人员的长距离航空运输任务。与中国空军现役伊尔-76比较,运-20的发动机和电子设备有了很大改进,运载能力更强,短跑道起降性能优异。

运-20

直-20

直-20是我国自主研制的中型双发多用途直升机，采用单旋翼尾桨、低位后置平尾构型，采用低阻气动外形、高性能旋翼气动布局总体设计，配装两台国产先进涡轴发动机，应用了电传飞控、旋翼防冰等新技术，能在昼、夜复杂气象条件下，执行机降和运输等多样化任务，具有全域、全时出动能力。

直-20

7.2 飞机的气动布局

飞机的气动布局可分为常规布局、鸭式布局、无尾布局与三翼面布局。

1.常规布局

常规布局是现代飞机中最常见的布局形式，水平尾翼和垂直尾翼都放置在机翼后方。大型运输机和民用飞机多采用这种布局。

常规布局飞机

2.鸭式布局

鸭式布局飞机

有些战斗机为了提高操纵效率和机动能力，会将水平尾翼移到主机翼之前，布置在机头两侧。早期采用这种布局的飞机看起来像鸭子，所以称为鸭式布局。莱特兄弟的"飞行者一号"就采用了这种布局形式。

3.无尾布局

无尾布局飞机

飞机上既没有水平尾翼也没有鸭翼，只有一对机翼。无尾布局飞机通常采用很大的三角形机翼，使后缘距离飞机重心较远，获得更大的配平力矩。同时，机翼面积增大，可以获得较大的升力。

如果无水平尾翼的飞机将垂直尾翼也去掉，机身的主要部分隐藏在厚厚的机翼内，就成了一架飞翼布局的飞机。

飞翼布局飞机

4.三翼面布局

三翼面布局是在常规布局飞机的机翼前再增加一对鸭翼，即鸭翼+机翼+水平尾翼。它兼具常规布局与鸭式布局的优点，但由于翼面多，隐身能力不强，阻力也比其他布局形式大。

三翼面布局飞机

7.3 鸭式布局战斗机的特点

在飞机诞生的早期，带鸭翼的飞机由于不好操控、容易失速，并没有得到广泛的应用。但在战斗机进入喷气时代之后，人们发现鸭式布局比常规布局更适合超声速战斗机，鸭式布局又重新受到关注。

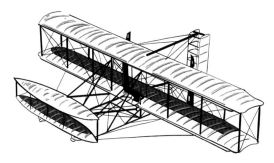

战斗机的重心一般位于机翼升力中心之前，为了使飞机能够平稳地飞行，常规布局战斗机在机翼产生正升力的同时，需要水平尾翼产生负的配平力将机头"压"起来。

而采用鸭式布局的飞机则与之不同，鸭式布局的重心位于机翼和鸭翼之间，此时前置鸭翼与主机翼一样都可以为飞机提供正升力，以增加飞机的总体升力。

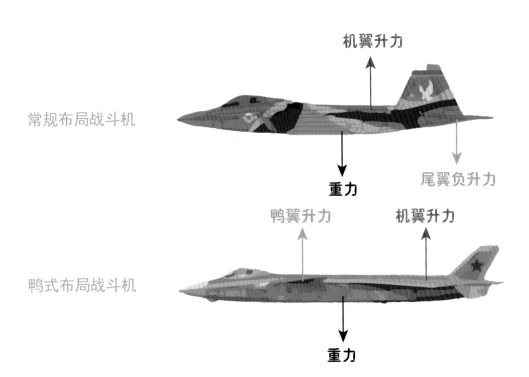

　　除此之外，采用鸭式布局设计还可以提升飞机的机动性和敏捷性。由于鸭式布局的升力系数与操控效率较高，且具有静不稳定性，当飞机进行大迎角机动飞行时，它的优势就会凸显出来。

【拓展知识】

鸭翼会影响飞机的隐身性能吗？

　　鸭翼对飞机隐身性的影响与平尾设计的差距不大，采用这两种设计的飞机在平飞时，飞机的隐身效果没有太大区别，只有在转动或者大迎角飞行时鸭翼才会增加飞机的雷达反射截面值（radar cross section，简称RCS），因此直接说鸭翼会影响飞机的隐身性能是不对的。只是相比较无尾布局或飞翼布局的飞机，采用鸭式布局的飞机在隐身性方面略逊一筹而已。

7.4 制作鸭式布局飞机

　　制作飞机分为三个步骤：安装飞机主体、安装动力系统、加固飞机。

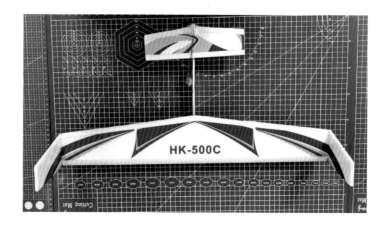

1.制作飞机主体

（1）清点器材。

器材组件：

①机翼；
②鸭翼；
③机身；
④翼梢小翼；
⑤动力系统；
⑥螺旋桨。

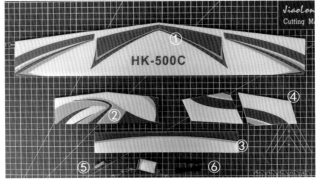

工具组件：

①热熔胶枪、
胶棒；
②护手尺；
③护手刀；
④砂纸；
⑤纤维胶带；
⑥配重片；
⑦松木条；
⑧马克笔。

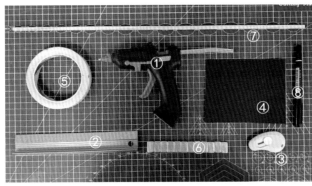

（2）打磨鸭翼与机翼。

①测量出机翼和鸭翼边缘1厘米的距离，用马克笔标记出切割线。

②沿边缘线切割，只切破上层薄膜即可，不要切得太深。

③将边缘的膜撕掉，露出KT板泡沫。

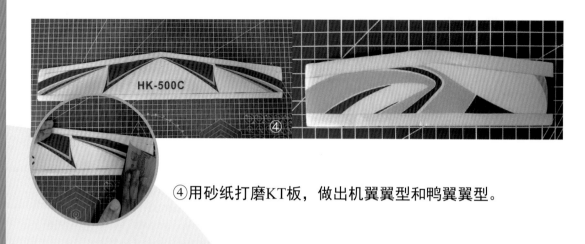

④用砂纸打磨KT板，做出机翼翼型和鸭翼翼型。

（3）组装机身、机翼与鸭翼。

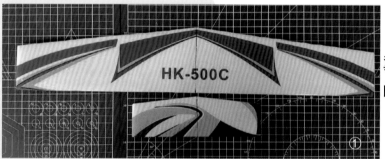

①测量：测量机翼与鸭翼长度，取中间值，画出连接线。

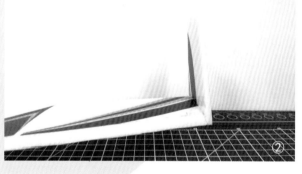

②安装：沿画好的线将机翼与鸭翼装在机身上，鸭翼在机头位置安装，机翼靠后安装，两个翼梢小翼安装在机翼两端。

③打胶：利用热熔胶，固定好鸭翼、机翼与翼梢小翼。

④控制：在能够粘稳飞机的前提下，尽量减少用胶量。

⑤制作完成。

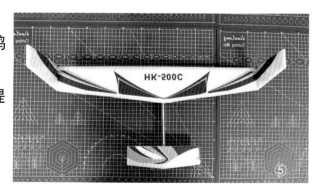

2.安装动力系统（拉进式）

（1）将电机安装于鸭翼头部，露出5毫米的距离。

（2）将线捋顺，依次把电路控制板和电池粘在机身上。

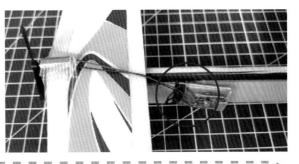

注意重心配平：

鸭式布局飞机的重心要控制在主机翼翼根前部。如图①所示，重心位于主机翼前缘附近，即手持的位置。拉进式布局需要在机身尾部增加配重片以配平（见图②）。

如果采用推进式布局，须将电机与螺旋桨安装在机身尾部或机翼后缘，配重片则位于机身中部靠前（见图③，具体以实际调配为准），使飞机保持平衡。

3.加固飞机

制作过程中需要利用松木条加固机身，用胶带加固机翼。

4.安装检查

飞机安装检查事项（符合要求打√，不符合打×）

检查事项	安装情况
机翼安装牢固	
鸭翼安装牢固	
机翼与机身垂直	
机翼与鸭翼平行	
翼梢小翼安装在机翼两侧	
电机安装牢固，不要倾斜	

第 8 课
跨时代的飞机——三角翼飞机

随着喷气式发动机的诞生和应用，20世纪50年代以后，飞机跨入了超声速时代。为了追求高速性能，无尾三角翼成为各国战斗机竞相采用的设计形式。三角翼飞机都有哪些特点和优势？本节课，航小空将带你走进三角翼飞机的世界。

【学习目标】

★ 了解战斗机的分代及特征
★ 认识机翼的平面形状及特点
★ 制作三角翼动力飞机

8.1 战斗机的分代

根据服役时间和主要技术特征，现代战斗机可以划分为四代。

第一代战斗机（20世纪50年代）：可实现亚声速或低超声速飞行，具备全金属机身、后掠翼、装备涡喷发动机，机载武器主要为机枪、航炮、空空火箭。

F-86

米格-15

歼-5

米格-19

第二代战斗机（20世60年代）：可实现高空超声速飞行，具备小展弦比机翼、全天候火控雷达，机载武器以空空导弹为主。

F-4

F-5

歼-7

米格-25

第三代战斗机（20世纪70年代至80年代）：具备中低空跨声速机动性能与全天候作战能力，机载电子设备系统与武器系统性能水平大幅度提升。

F-15

歼-10

第四代战斗机（21世纪）：具备良好的隐身能力、超声速巡航能力、超视距打击能力和超强的机动能力。

F-22

歼-20

8.2 飞机的机翼形状

1.机翼的平面形状

机翼的外形主要以其平面形状来区分。按照平面形状的不同，机翼通常可划分为三种基本类型：平直翼，后掠翼，三角翼。

  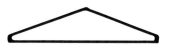

平直翼　　　　　　　　后掠翼　　　　　　　　三角翼

（1）平直翼。

平直翼通常是指没有后掠角或者后掠角极小的机翼。平直翼多用在低速与亚声速飞机上。根据弦长的展向分布不同，平直翼又可分为矩形机翼、梯形机翼、椭圆形机翼。

矩形机翼　　　　　　　梯形机翼　　　　　　　椭圆形机翼

（2）后掠翼。

后掠翼通常是指1/4弦线处后掠角大于25°的机翼。后掠翼多用于高亚声速飞机和部分超声速飞机。

平直机翼低速飞行性能好，有利于起飞和降落；后掠翼有利于高亚声速和超声速飞行，但是低速飞行性能较差。因此，有些飞机为了能实现超声速、高亚声速飞行，又有较好的起降性能，往往采用变后掠机翼，如美国的F-14、B-1B，以及苏联的米格-23、图-160等。

（3）三角翼。

三角翼是指机翼前缘后掠角非常大，后缘基本无后掠，俯视投影呈三角形的机翼。三角翼通常用于超声速飞机或无尾布局飞机。

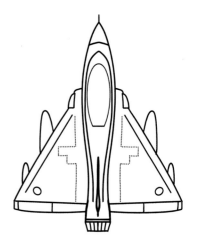

2.三角翼飞机的特点

（1）阻力小。

相对于矩形机翼，三角翼迎风面为斜面，飞行时阻力更小。

（2）飞机结构重量较轻。

由于省去了平尾的重量，加上机身长度缩短及大三角翼的结构重量较小，因此三角翼飞机的整体重量较轻。

（3）升力较大。

在翼展相同的情况下，三角翼机翼面积更大，升力更大。

（4）隐身性能好。

从外形上来说，无尾三角翼飞机取消了所有机腹外挂点，武器舱内置，而且采取背负式进气道和上出焰口，这大大减小了雷达发射面和红外探测的可能性，再加上机身隐身涂料的应用，飞机的隐身性能可大大提高。下图所示为不同飞机的雷达探测距离，可以看出其隐身性能的差别，距离越小就代表飞机的隐身性能越好。

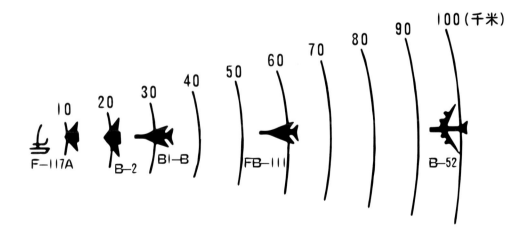

8.3 制作三角翼飞机

1.制作飞机主体

（1）清点器材。

器材组件：

①机翼；

②机身；

③垂直尾翼；

④动力系统；

⑤螺旋桨。

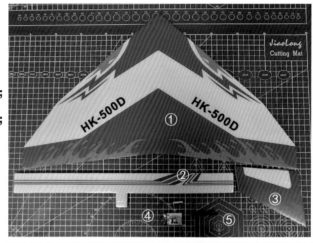

工具组件：

①热熔胶枪、胶棒；

②护手尺；

③护手刀；

④砂纸；

⑤胶带；

⑥配重片；

⑦松木条；

⑧马克笔。

（2）打磨机翼。

①测量机翼边缘1.5厘米的距离，用马克笔标记出切割线。

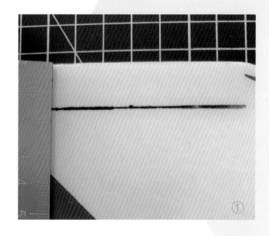

②沿边缘线切割，只切破上层薄膜即可，不要切太深。

③将边缘的膜撕掉，露出KT板泡沫。

④用砂纸打磨KT板，做出机翼翼型。

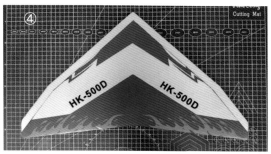

（3）组装机身、机翼与尾翼。

要求：对称、整齐。

①测量：测量机翼的宽度，取中间值，画出连接线。

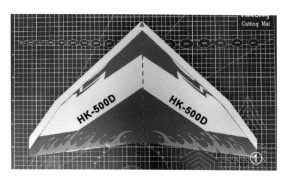

②安装并打胶：沿画好的线将机翼粘在机身上，机翼中间的插口用来固定机身凸起的部位。垂直尾翼安装在机翼尾部，并与机翼之间保持直角。

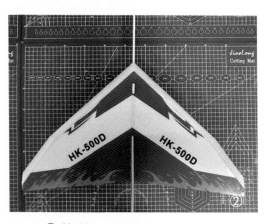

③裁剪：三角翼的机身偏长，可以对机头进行裁剪。将机头留足7~10厘米的长度，剩余部分可裁切掉；然后将机头改装，做出菱形机头，减小飞行阻力。

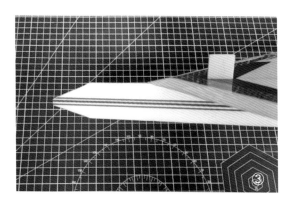

2.安装动力系统

（1）将电机安装于机身头部，露出5毫米的距离。

（2）将线捋顺，依次把电路控制板和电池粘在机身上。

（3）安装电机时一定要装正。

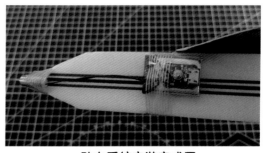

动力系统安装完成图

3.加固飞机

由于材料的限制，飞机在飞行过程中非常容易受到损伤，因此在制作过程中，需要对飞机进行加固。

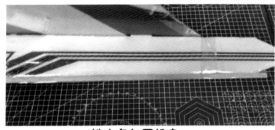

松木条加固机身

胶带加固机翼

4.安装检验

三人为一小组，互换飞机，检查一下飞机制作情况并填写下表。

飞机安装检查事项（安装符合打√，不符合打×）

检查事项	安装情况
机翼安装牢固	
尾翼安装牢固	
机翼与机身垂直	
垂直尾翼与机身在一条直线上	
电机安装牢固，不要倾斜	

第 9 课
飞行前的检查与调试

前几节课我们制作出了动力飞机，要想进行试飞还需要一个重要的步骤——飞行前的检查与调试。只有完成了这个步骤，我们的飞机在飞行时才会表现得更加优异。

【学习目标】

★ 做好飞行测试准备工作
★ 学会分析飞行姿态并做出调整

9.1 飞行测试准备工作

1.为飞机命名

现在有三架飞机，需要我们来命名：

常规布局飞机——

鸭式布局飞机——

三角翼飞机——

2.检查飞机的状况

起飞前需要对飞机状况进行检查，确保飞行安全。检查事项如下：

（1）飞机组装是否完成？

（2）飞机是否横平竖直？

（3）动力模块中的电池是否有电？

（4）螺旋桨是否能正常旋转？

3.编写飞行日志

确定飞机没有问题后，来看一下今天的飞行要求。在试飞之前，我们要对飞机有清晰的认识。每一次飞行，我们都要填写飞行日志，记录飞行状况，这有利于后期对飞机进行改进。

飞行日志分为两个部分：飞机型号与飞行状态。每一架飞机都有三次试飞记录。

飞行日志			
飞机型号：			
机身长度：____厘米	翼展：____厘米	弦长：____厘米	起飞重量：____克
飞行状态：			
第____次飞行	距离：____米		时长：____秒
备注：			
第____次飞行	距离：____米		时长：____秒
备注：			
第____次飞行	距离：____米		时长：____秒
备注：			
平均飞行距离：_____米		平均飞行时长：_____秒	

9.2 飞行测试注意事项

（1）飞机螺旋桨应安排在最后安装，测试电机时应拆下螺旋桨，以免螺旋桨伤人。

（2）试飞场地应选择空旷的广场或者草坪，请勿在交通路线附近及人员密集区域进行试飞。

（3）飞机落地后若螺旋桨还未停转，应点按动力模块上的开关，待螺旋桨停转后再将飞机捡起进行检查。

（4）当飞机降落或撞击情况发生时，应及时对飞机进行检查，更换损坏部件。

（5）一定不要触碰旋转中的桨叶。

9.3 飞行试验

1.飞机重心配平

第一步：用手掂起飞机（手指顶在机翼前缘1/3~1/2处），观察飞机是否能保持水平。

第二步：水平抛出飞机（不开动力），观察飞机的滑翔轨迹。

可通过调整电池的安装位置对飞机进行配平。

2.飞行状态分析及调整方法

动力飞机的重心配平后，在飞行中还可能出现以下情况，需进行检查和调整。

（1）**状态**：出手后，动力飞机无明显爬升趋势，直栽地面，甚至出现倒退的情况。

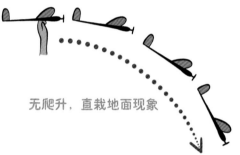

无爬升，直栽地面现象

检查：螺旋桨与电机转向是否匹配，螺旋桨的正、反面是否安装正确。

调整：如不匹配，需更换正桨或反桨；如安装错误，需调整该螺旋桨的正、反面，使螺旋桨凸起的一面与飞机前进的方向保持一致。

（2）**状态**：出手后，动力飞机出现朝某一方向大幅度偏转或翻筋斗的情况。

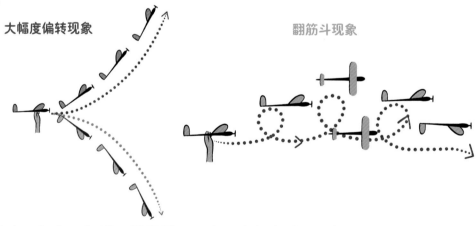

大幅度偏转现象　　　　　翻筋斗现象

检查：机身、机翼、尾翼是否平直，电机安装是否倾斜。

调整：飞机需要横平竖直，电机不能出现倾角。

第 10 课
多动力飞机初探

飞机诞生100多年来，人们在航空、航天领域创造了许多伟大的成就，飞得更高、更快、更远是人们不断追求的目标。你知道世界上速度最快、飞得最高、起飞重量最大的飞机都有哪些吗？飞机的发动机可以安装在哪些位置呢？本节课，我们一起来探索吧。

〖学习目标〗

★ 了解世界上飞得最快、最高、最远，体型最大的飞机
★ 熟悉不同类型的飞机发动机的安装方式
★ 掌握多动力飞机的组装方法

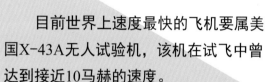
1.飞行速度最快的飞机

X-43A

目前世界上速度最快的飞机要属美国X-43A无人试验机，该机在试飞中曾达到接近10马赫的速度。

飞行速度最快的实用型有人驾驶飞机是美国SR-71"黑鸟"侦察机，它的最快速度曾达到3.5马赫。

（注：马赫数是指速度与声速的比值，马赫数为1表示1倍声速。）

SR-71

2.飞行高度最高的飞机

世界上飞得最高的有人驾驶飞机，是美国X-15A试验机。1962年7月17日，它在试验飞行中达到9.5936万米的高度，创下世界记录，为世界航空组织所认可，1963年8月22日，它在爱德华空军基地上空，飞到了10.8万米的高度。

X-15A

3.飞行距离最远的飞机

"维珍大西洋环球飞行者"号飞机，是一款能实现中途不着陆环球飞行的飞机，堪称飞行距离最远的飞机。2006年，美国冒险家史蒂夫·福塞特驾驶"维珍大西洋环球飞行者"号喷气式飞机实现了单人、不间断、中途不加油的环球飞行纪录，历时约76小时，飞行距离约4.25万千米。

"维珍大西洋环球飞行者"号

4.起飞重量最大的飞机

安-225曾经是世界上最大的飞机，是飞机中的巨无霸。它最大起飞重量为640吨，载荷量在200~250吨。安-225原本是为了背负苏联暴风雪号航天飞机而研制的，它的机背有一个特殊货架。安-225还拥有超长的续航能力，在全负载情况下可持续飞行2500千米。

安-225

目前世界上起飞重量最大的客机是欧洲空中客车公司的A-380，最大起飞重量为550吨，翼展为79.8米，堪称"巨无霸客机"。

A-380

10.2 发动机的安装位置

飞机发动机是影响飞机飞行性能的关键因素，发动机的布置形式通常有单发、双发、多发这几种。

现代飞机大多采用了喷气式发动机，喷气式发动机的桨叶不再外露，因此安装位置更为多变。

1.单台发动机

单台喷气式发动机多装在机身后端或机身下部。这种布置方式有利于维护修理，同时还可让出机身短舱或前段空间，以便容纳人员和武力装备。这种发动机安排方式主要用于战斗机。

2.两台发动机

第一种安排方式

两台喷气式发动机有多种安排方式。

第一种安排方式是将两台发动机各装在机身两侧的短舱内，或机身的后部和腹部，这种安排方式较为常见。

第二种安排方式是把发动机装在机翼下的吊舱内，常见于运输机和客机。这种安排方式通常称为翼吊式发动机布局。这种安排方式下，发动机离地近，方便维护，但缺点是易于吸入尘土。

第二种安排方式

第三种安排方式

第三种安排方式是将两台发动机并列在机身尾部的两侧，这种安排方式通常称为尾吊式发动机布局。其优点是座舱内噪声小，机翼上没有发动机短舱的干扰，气动性能较好，但缺点是这种安排的机身构造相对复杂。

3.三台发动机

三台喷气式发动机的安排方式有两种：一种是两台发动机并列装在机身后段，另一台装在垂直尾翼上（见图①）；另一种方式是把两台发动机装在机翼下的吊舱内，另一台装在垂直尾翼上或机身尾部（见图②）。

4.四台发动机

四台喷气式发动机常见的安排方式是将发动机都置于机翼下的吊舱内，如运-20运输机。

国产大飞机三剑客之一——AG600水上飞机，安装了4台涡桨发动机，发动机被置于机翼前端。

5.八台发动机

采用四台以上发动机的飞机比较少见，比较著名的有B-52轰炸机，它就采用了八台发动机，分四组吊在机翼下方。

 10.3 制作多动力飞机

1.认识组件

器材组件：

①机翼；

②机身；

③水平尾翼；

④垂直尾翼。

工具组件：

①热熔胶枪、胶棒；

②护手尺；

③护手刀；

④砂纸；

⑤胶带；

⑥配重片；

⑦松木条；

⑧马克笔。

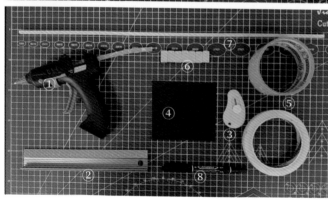

2.打磨机翼

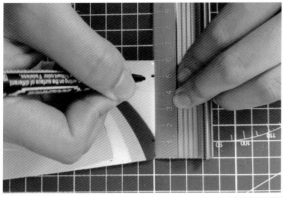

（1）测量机翼边缘1厘米的距离，并用马克笔标记出来。

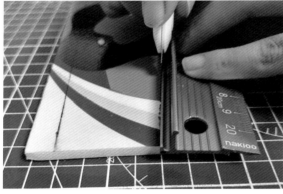

（2）沿边缘线切割，只切破上层薄膜即可，一定不要切太深。

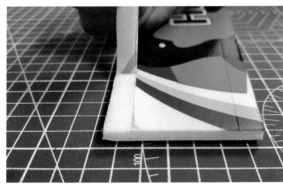

（3）将边缘的膜撕掉，露出KT板泡沫。

（4）用砂纸打磨KT板，做出机翼翼型。

3.组装机身、机翼与尾翼

要求：对称、整齐。

（1）测量：测量机翼与尾翼长度，取中间值，画出连接线。

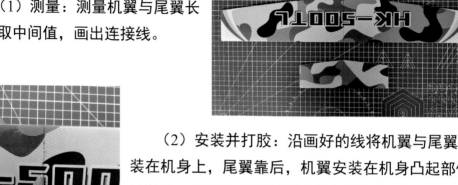

（2）安装并打胶：沿画好的线将机翼与尾翼装在机身上，尾翼靠后，机翼安装在机身凸起部位的前方。使用热熔胶枪固定好机翼、机身、尾翼。

（3）制作完成。

4.安装检验

三个人为一组，互相检查一下飞机安装是否平整，并填写下表。

飞机安装检查事项（符合要求打√，不符合要求打×）

检查事项	安装情况
机翼安装牢固	
尾翼安装牢固	
机翼与机身垂直	
机翼与水平尾翼平行	
垂直尾翼与机身在一条线上	

第11课
多动力飞机飞行性能测试

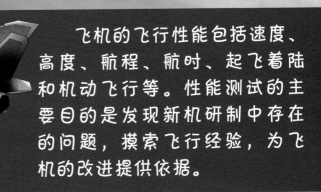

飞机的飞行性能包括速度、高度、航程、航时、起飞着陆和机动飞行等。性能测试的主要目的是发现新机研制中存在的问题，摸索飞行经验，为飞机的改进提供依据。

【学习目标】

★ 认识多动力模块
★ 掌握多动力模块的安装方法
★ 进行飞行测试

11.1 认识多动力模块

1.多动力模块的组成

多动力模块由1个控制器、4个小型电机、4支正桨、4支反桨、1块电池及4根延长线组成。

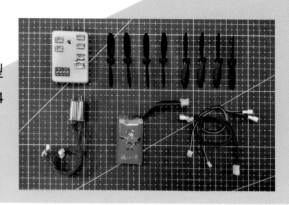

2.控制器的使用

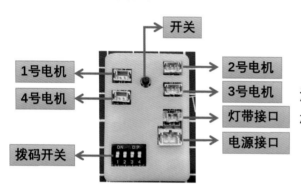

控制器（见左图）用于连接电池、电机、灯带，并且可以通过拨码开关控制电机的转动时长。

左图中的按键框就是"拨码开关"。

（1）拨码开关示意，如下表所示。

ON		DIP	
上	上	上	上
下	下	下	下
1	2	3	4

说明：拨码开关为4位，1和2为选择控制时间的挡位；3和4为选择不同型号电机的挡位。

（2）通过拨码开关选择飞行时间和电机类型，电机动力时间挡位如下所示。

挡位	1上2上	1上2下	1下2上	1下2下
3上4上	716电机 10秒动力	716电机 15秒动力	716电机 30秒动力	716电机 180秒动力
3上4下	816电机 10秒动力	816电机 15秒动力	816电机 30秒动力	816电机 180秒动力
3下4上	8520电机 10秒动力	8520电机 15秒动力	8520电机 30秒动力	8520电机 180秒动力
3下4下	1020电机 10秒动力	1020电机 15秒动力	1020电机 30秒动力	1020电机 180秒动力

电机类型代表着电机动力的大小，我们提供的是716的电机，因此3和4的挡位应该调成"3上4上"。调整动力时长的方法如下图所示。

10秒　　　　　　　15秒　　　　　　　30秒　　　　　　　180秒

11.2 动力模块的安装

（1）确定动力模块安装的电机数量。

（2）确定安装位置（利用动力模块和电池来代替配重块进行配平）。

（3）特别注意：使用多发动力时，应采用不同颜色的延长线，来改变电机的转向，抵消反扭，并且根据电机的布置和转向来选择相应的螺旋桨。

（4）加固动力模块与机身、机翼。

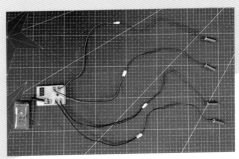

多动力模块延长线安装图

11.3 飞行试验

1.检查飞机状况

飞机是否组装完整，动力系统电池是否有电，螺旋桨是否能正常旋转。

2.飞行测试

通过试飞，检验安装不同数量的电机时飞机的飞行性能，并填写飞行日志。

飞行日志		
飞行名称：	动力数量：	
飞行状态：		
第____次飞行	距离：____米	时长：____秒
备注：		
第____次飞行	距离：____米	时长：____秒
备注：		
第____次飞行	距离：____米	时长：____秒
备注：		
平均飞行距离：____米	平均飞行时长：____秒	

第12课
动力飞机的设计

真实飞机的设计要经过方案论证、工程设计与试制试飞三个阶段，航模飞机的设计制作过程也不例外。完成了四架动力飞机组装和制作之后，相信同学们已经积累了很多经验，本节课我们一起来设计一架动力飞机吧！

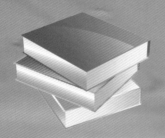

【学习目标】

★ 了解动力飞机的设计要求
★ 确定飞机设计的各项参数
★ 绘制动力飞机设计图

12.1 动力飞机设计要求

根据下列条件制作一架动力飞机：

（1）利用一块600毫米×450毫米×5毫米的KT板制作飞机；

（2）飞机带有一块15秒动力的动力装置；

（3）飞机翼展不小于700毫米；

（4）飞机飞行时长不小于15秒。

12.2 飞机设计步骤

1.确定布局形态

制作飞机之前，我们需要先确定飞机的布局形式及机翼的平面形状。

（1）常见的四种布局如下图所示。

常规布局

鸭式布局

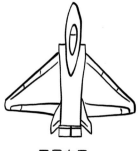

无尾布局

三翼面布局

（2）常见的四种机翼平面形状如下图所示。

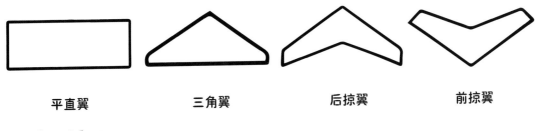

| 平直翼 | 三角翼 | 后掠翼 | 前掠翼 |

【填一填】

飞机的布局	
机翼的平面形状	

2.确定机翼面积大小

机翼平面形状确定后，需要确定机翼的面积大小。

机翼的翼展是指机翼左、右翼尖之间的距离，机翼的翼弦是指前缘与后缘的连线，展弦比指的是机翼翼展与平均弦长之比：

$$展弦比＝翼展÷平均弦长$$

机翼面积的计算公式为

$$机翼面积＝平均弦长×翼展$$

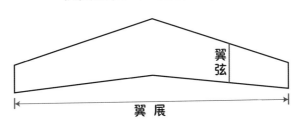

不同形状的机翼有不同的展弦比参见下表。

形状	展弦比
平直翼	8~12
前掠翼/后掠翼	4~8
三角翼	2~6

【填一填】

机翼形状	
展弦比	
飞机翼展（≥70厘米）	
平均弦长/厘米	

3.确定机身的形状

机身的外形有四种选择：三片式机身、三棱柱机身、四棱柱机身、十字式机身。

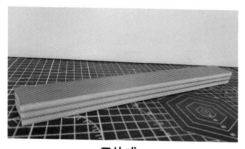
三片式

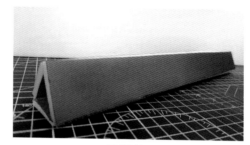
三棱柱

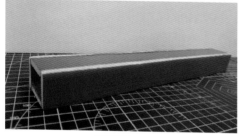
四棱柱

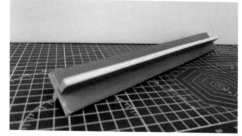
十字式

4.确定机身的长度与宽度

常规式布局飞机机身的长度，通常为机翼翼展长度的70%及以上；无尾布局飞机机身的长度，大约为机翼翼弦长度的1.2~2倍；鸭式布局飞机机身的长度，大约为机翼翼展长度的50%~80%（有其他特殊设计要求的飞机，机身长度可放宽比例）。

KT板飞机机身的宽度一般为3~5厘米。

【填一填】

机身形状	
飞机翼展/厘米	
平均弦长/厘米	
机身长度/厘米	

5.确定尾翼的形状

尾翼分为水平尾翼与垂直尾翼。

水平尾翼的面积约为机翼面积的15%~25%，水平尾翼长度约为机翼翼展的25%~35%，宽度约为机翼最长宽度的50%~70%。

垂直尾翼的面积为机翼面积的10%~15%，垂直尾翼的宽度和水平尾翼的宽度基本相同。

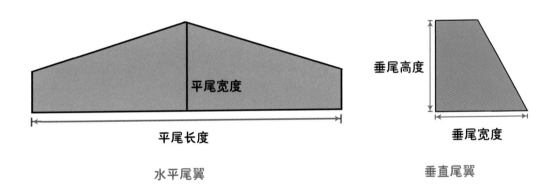

水平尾翼   垂直尾翼

【填一填】

机翼面积/平方厘米	
水平尾翼面积/平方厘米	
垂直尾翼面积/平方厘米	
水平尾翼的长、宽/厘米	
垂直尾翼的高、宽/厘米	

12.3 绘制飞机设计图

确定好机翼、机身、尾翼的相关数据之后，同学们可以将飞机各部件的平面设计图画出来，并按尺寸绘制在KT板上。

【画一画】

在下框中绘制飞机设计图。

第13课
动力飞机的制作

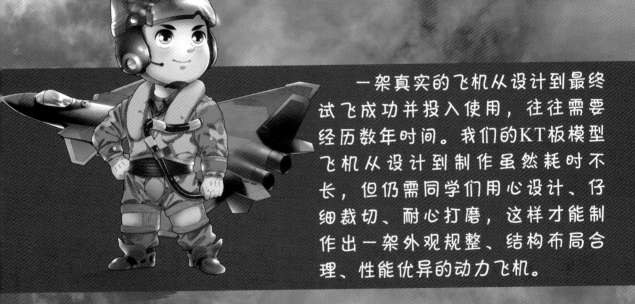

一架真实的飞机从设计到最终试飞成功并投入使用，往往需要经历数年时间。我们的KT板模型飞机从设计到制作虽然耗时不长，但仍需同学们用心设计、仔细裁切、耐心打磨，这样才能制作出一架外观规整、结构布局合理、性能优异的动力飞机。

【学习目标】

★ 了解动力飞机结构设计的要求
★ 认识航模飞机制作材料
★ 掌握各类工具的使用方法
★ 对KT板进行裁切、打磨、组装

13.1 飞机结构设计

飞机在设计和制作的过程中，最主要的目标是降低阻力和减轻重量。

飞机结构设计方面的要求：

（1）保证飞机的结构强度和刚度。

（2）保证飞机的气动外形。

（3）尽量降低飞机的总重量。

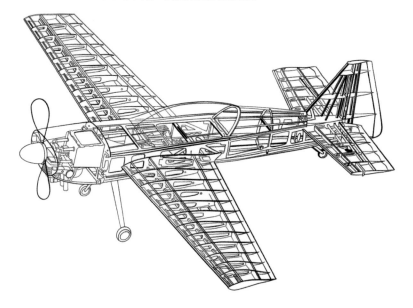

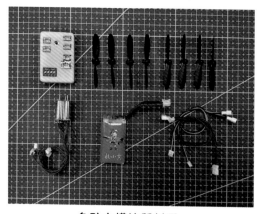

多动力模块器材图

动力飞机配套产品中的多动力模块总重约为40克，动力飞机最大起飞重量为160克。在设计和制作时，要控制好飞机的整体重量。

13.2 航模制作的材料与工具的使用

1.动力飞机的制作材料

（1）KT板。KT板材料便宜，易加工，在航模制作中是一种较为常见的材料。但KT板也有缺点，它强度较低、刚性差，飞行时容易变形和断裂。

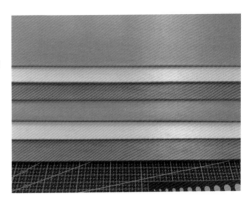

（2）松木条与纤维胶带。主要用于加固KT板飞机的机身与机翼。

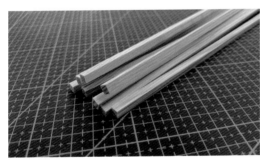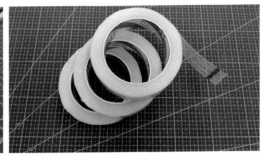

（3）配重片。我们可利用配重片来对飞机进行整体配平，以便达到最佳的飞行效果。

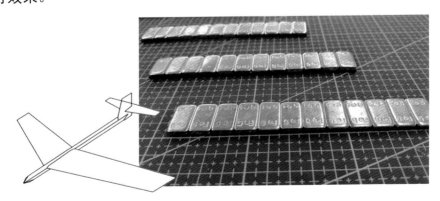

2.制作工具——护手刀

护手刀具有一定的危险性，因此同学们在使用时要注意护手刀的使用方法。

正确使用护手刀：

（1）食指握法：食指放在刀背上，手掌抵住握柄。

（2）刀刃紧贴护手尺，刀刃与切割物呈30°夹角。

（3）不使用的时候务必收起刀片。

（4）绝对不要把刀片对着人。

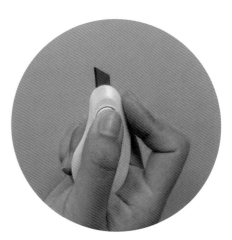

13.3 制作KT板飞机

1.KT板的裁切与打磨

（1）将护手刀紧贴于护手尺，向下倾斜 30°进行切割。用力时，手腕尽量往下压。

（2）切割时力度不要太大，切透KT板即可。如有未切断的地方，可沿切割痕再切一次。

（3）在裁切的过程中，需要思考如何将飞机的各个部分粘贴起来。例如：机翼如何粘贴到机身上，是否需要开槽；机身是十字结构的，是否需要插接，尾翼是否需要插接等。

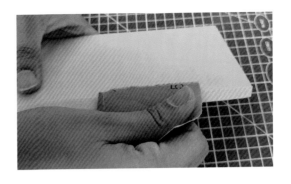

（4）机翼、机身、尾翼裁切好后要对边缘进行打磨。

2.飞机的组装

在使用热熔胶枪时，尽量减少用胶量，能够使飞机部件黏合住即可，使用过多的热熔胶会增加飞机的重量，不利于飞行。

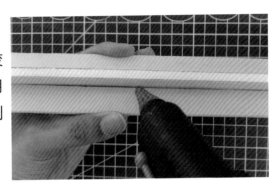

3.减少重量与阻力

模型飞机的阻力主要有摩擦阻力与压差阻力，如何减少这两种阻力呢？

（1）减小摩擦阻力的方法：尽量使飞机迎风表面光滑平整，减小空气与飞机表面的摩擦以降低阻力。

（2）减小压差阻力的方法：将飞机迎风面减小，对机头、尾翼、机身进行必要的打磨。

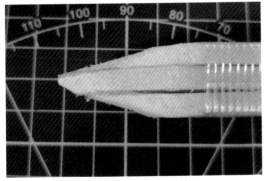

打磨后的三片式机头

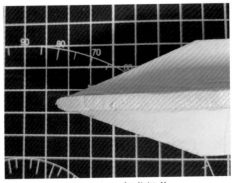

打磨后的十字式机头

第 14 课
上反角的制作与飞机的组装

飞机的制造过程包括许多阶段，其中之一就是对飞机进行整体组装。在此阶段我们需要对飞机的机翼、尾翼、动力模块等部件进行检查、调整和安装。

【学习目标】

★ 制作飞机机翼上反角
★ 完成飞机的整体组装
★ 学习动力模块的安全注意事项及安装方法
★ 飞行前对飞机进行检查

14.1 上反角的作用

机翼略微向上倾斜，与水平面形成的夹角就是上反角。机翼上反角的作用是增加飞行的稳定性。

适度的上反角，可以增加飞行的稳定性，改善其操控性，特别是在飞机盘旋的时候，能够自动找平。

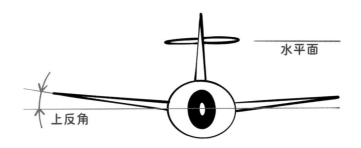

水平面

上反角

绝大多数民航飞机的机翼都是上反的，这样可以保证飞机的稳定性和旅客的舒适性。除此之外，采用上反角的飞机重心靠下，当机翼倾斜时，重力也有分力会将机翼拉平，最终达到飞机的平衡。

上反角对模型飞机的稳定性虽然有好处，但若角度过大，则会影响整个机翼的有效升力面积。因此，一般模型飞机上反角取6°~15°为宜。

14.2 上反角的制作

上反角的三种制作方法：

（1）直接将机翼粘贴在机身上，粘贴时粘出上反角。

（2）先将机翼粘贴出上反角的角度，然后在机身上开槽，把机翼放进槽中。

（3）制作机翼翼梢，将翼梢向上翘起，做出上反角。

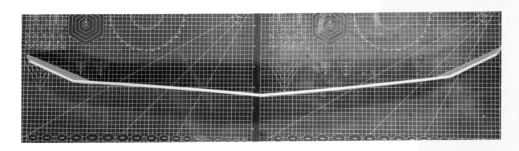

14.3 机翼的安装

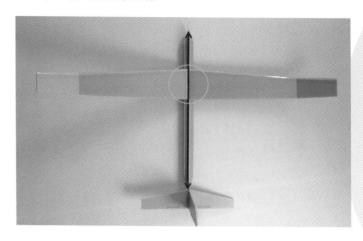

机翼水平面应垂直于机身。常规布局平直翼飞机的机翼一般安装在机身25%~30%的位置，鸭式布局飞机的机翼大多数安装在机身尾部，三角翼飞机的机翼安装在机身中部或机身尾部。

14.4 尾翼的安装

常规布局平直翼飞机的尾翼尽量靠近机身后部，秉持"横平竖直"的观念将水平尾翼与垂直尾翼安装在机身上。

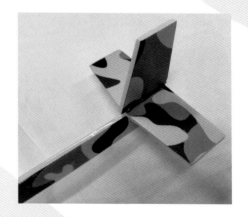

三角翼飞机的尾翼尽量采用无尾模式（无水平尾翼），垂直尾翼安装在机翼上部，沿飞机中线位置安装。

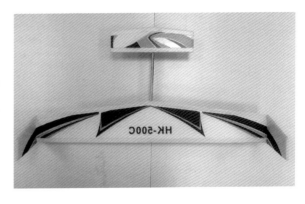

鸭式布局飞机的鸭翼安装在机身前端，翼梢小翼则安装在主机翼的两端。

14.5 动力模块的安全注意事项及安装方法

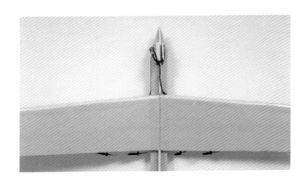

1.安全注意事项

（1）安装动力模块前，检查螺旋桨的正反、电池是否鼓包。

（2）飞机螺旋桨应在最后安装，测试电机时应拆下螺旋桨（螺旋桨拆卸时使用翘桨器，避免变形）。

（3）试飞场地应选择空旷、人员较少的广场或者草坪，请勿在交通路线附近及人员密集区域进行试飞。

（4）每次飞行前，都应对飞机结构、电机、电池、螺旋桨等进行检查，反复确认无误后再进行试飞，防止无意义的炸机。

（5）飞机落地后，若螺旋桨还未停转，应点按动力模块上的开关，关闭模块，防止螺旋桨打到地面造成损坏。关闭模块时应谨慎小心，避免螺旋桨打到手。

（6）当飞机降落或撞击情况发生时，应及时对飞机进行检查，及时更换损坏部件。

（7）一定不要触碰旋转中的桨叶。

2.动力模块的安装方法

（1）根据翼载荷、飞机重量确定动力大小。

（2）根据设计方案确定动力模块的安装位置，合理走线。

（3）电机安装时应首先选用热熔胶进行粘合，再用胶带进行加固。

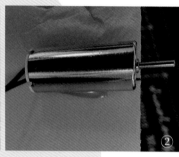

（4）固定电机时，须注意电机的拉力线要与飞机前进的方向一致（电机固定好后，不要出现倾角）。

（5）利用动力模块调节飞机的重心，尽量不使用配重片。

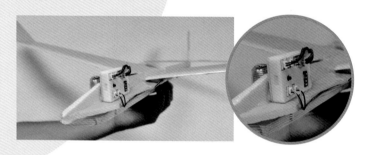

3.重心位置的确定

为了保证飞机能平稳飞行，需要提前对飞机的重心进行调试。

（1）手指顶在机翼前缘1/3~1/2处，观察飞机是否能保持水平。

（2）水平抛出飞机（不开动力），通过观察飞机的滑翔轨迹来判断重心位置是否合适并进行调整。

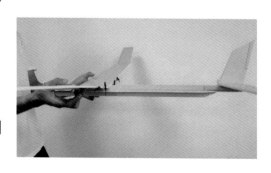

14.6 动力飞机的检查

飞机安装检查事项（安装符合打√，不符合打×）

检查事项	安装情况
机翼对称	
上反角的角度是否一致	
检查电机转向 双发：一正转一反转 三发：两正一反或两反一正 四发：两正两反	
垂直尾翼垂直于水平尾翼	
水平尾翼与机翼平行	

第 15 课
飞机的舵面与调试

特技表演飞机可以沿着三轴空间，在短时间内做出各类综合旋转的动作。那么飞机是如何完成这些高难度特技动作的呢？让我们一起来揭秘吧！

【学习目标】

★ 了解飞机的三轴运动
★ 认识飞机舵面的作用
★ 掌握动力飞机的加固与舵面调试方法

 **15.1 飞机的特技动作**

　　飞机在空中飞行可以调整高低、方向，甚至可以做出滚转、拉筋斗、眼镜蛇机动等特技动作。

　　（1）冲向天空、俯冲大地的俯仰运动。

　　（2）改变飞机航向的偏航运动。

　　（3）滚转运动。

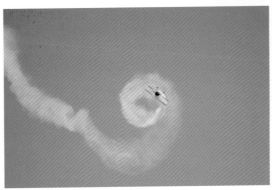

15.2 飞机三轴运动

【互动问答】

思考一下，我们熟悉的汽车可以做哪些运动？

答：前进、后退、左转、右转。

飞机在空中是如何控制飞行姿态的呢？

答：汽车在地面运动时，只需要用方向盘控制方向就可以了。在空中，飞机的姿态也是需要时刻进行调整的。副翼、升降舵、方向舵就分别控制飞机飞行的滚转运动、俯仰运动和偏航运动。

具体说来，飞机飞行时的方向控制有3种方式：

（1）飞机的低头和抬头，叫作俯仰运动。

（2）飞机的机头向左偏转或向右偏转，叫作偏航运动。

（3）飞机绕机身纵轴向左倾斜或向右倾斜，叫作滚转运动。

不论飞机做多难的特技动作，都离不开三轴运动，三轴指的是俯仰轴、横滚轴以及偏航轴。

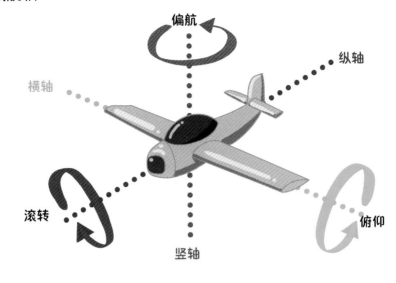

15.3 飞机舵面的作用

飞机的三轴运动是由飞机上的几个舵面来控制的。

1.俯仰运动的控制——升降舵

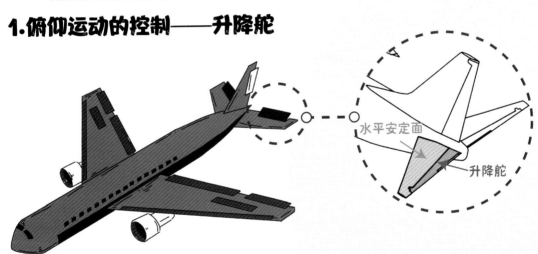

在水平尾翼的后缘，各有一个可以上下活动的舵面，叫作升降舵。升降舵有控制飞机俯仰的作用。

飞机飞行时，升降舵向上偏转，使气流对水平尾翼产生向下的力，将飞机尾部下压，于是飞机就会抬头向上飞行。同理，升降舵向下偏转，气流对水平尾翼产生向上的力，使机头下沉，飞机就会低头向下俯冲飞行。

2.偏航运动的控制——方向舵

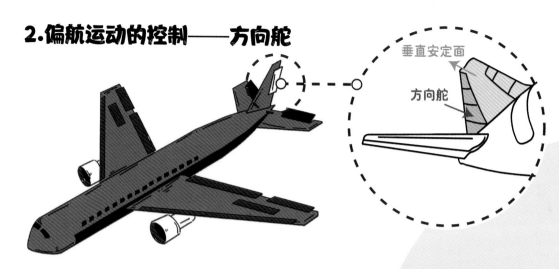

垂直尾翼的后缘也有一个可活动的舵面，叫作方向舵，它控制着飞机偏航的方向。

飞机在飞行时，方向舵向左偏转，使气流对垂直尾翼产生向右的力，从而使得机头向左偏转，飞机就会向左产生偏航。同理，方向舵向右偏转，机头就会向右产生偏航。

3.滚转运动的控制——副翼

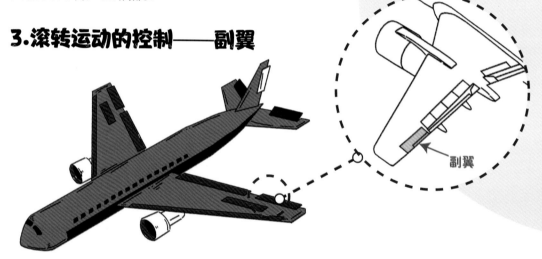

飞机左右机翼后缘外侧各有一个可活动的舵面，叫作副翼。副翼控制着飞机向左或向右倾斜。

飞行员向左打副翼操作杆时，飞机右侧的副翼就会向下偏转，使得右侧机翼升力增大。同时，左侧的副翼向上偏转，使得左侧机翼升力减小。这样，左右的升力差使得飞机向左滚转。同理，向右打操作杆时，左侧的副翼向下偏转，右侧的副翼向上偏转，飞机向右滚转。

15.4 飞机的加固与调试

上节课，我们利用KT板制作了一架动力飞机。为了让飞机飞得更好，还需要对飞机进行加固与调试。

1.飞机加固

（1）利用松木条加固机翼。

（2）利用胶带加固机翼边缘及机身。

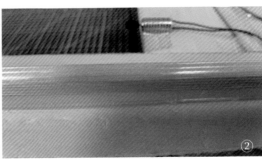

2.重心调试

上述工作完成后，我们还需要再次测定飞机在无动力的情况下，是否可以平稳滑翔。由于飞机外形的差异，我们可以根据滑翔姿态对飞机的重心位置做出一些调整。

3.舵面调试

（1）升降舵。

重心配平后，可将水平尾翼的升降舵调整为倾斜向上，然后打开动力模块进行飞行测试。

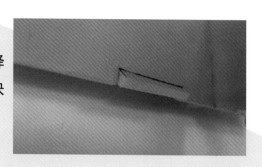

若飞机出现拉筋斗或抬头失速的情况，说明水平尾翼舵量太大，需要将舵面向下微调；若飞机无法向上持续爬升，则需要将水平尾翼的舵面向上微调。

（2）方向舵。

如果想要自己制作的动力飞机在空中盘旋，需要调整飞机的方向舵。

将飞机的垂尾裁出一小块可活动的方向舵，将它轻微向左偏转或向右偏转，这样飞机在飞行时就会有一个偏转角度。

调试完成后，同学们来比一比，看谁的动力飞机在空中飞行的时间最长！

第 16 课
中小学生航空创新设计挑战赛

"中小学生航空创新设计挑战赛"开赛在即，同学们已经跃跃欲试了吧！我们先来回顾下动力飞机的设计、制作全流程，在了解和熟悉比赛规则后，同学们就可以开始试飞啦！

【学习目标】

★ 动力飞机设计制作流程回顾

★ 比赛细则解读

16.1 动力飞机制作流程回顾

同学们，先来思考一下，动力飞机的设计与制作总共需要多少步？

思考与选择
选定飞机总体布局，并明确飞机各部件的数据。

① ②

设计与绘图
在KT板上绘制飞机设计图，并标注动力模块安装位置。

裁剪与打磨
对KT板进行裁切与打磨。

③ ④

安装与固定
飞机各个部件的安装与固定。

配平与加固
飞机的配平与机身加固。

⑤ ⑥

调试与试飞
飞机的调试与试飞。

16.2 比赛细则解读

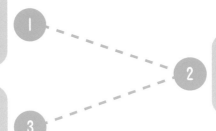

"中小学生航空创新设计挑战赛"是由"航小空"团队首创并打造的青少年航空科技类赛事。挑战赛主要包括创意手掷模型竞距、创意手掷模型留空竞时、机翼结构设计竞速飞行等项目。本节主要介绍创意手掷模型留空竞时项目。

1.任务描述

在规定的90分钟内，使用一张600毫米×450毫米×5毫米的KT板，制作并调试好一架动力模型飞机。调试完成后，不得对模型飞机再进行改动。制作调试若超过规定90分钟，则扣基础分。比赛基础分为90分，超过1分钟扣1分，直至扣完为止。飞机带有统一的动力模块，为模型提供短时间的爬升动力，最后以留空时间长者取胜。

2.技术要求

（1）飞机制作材料为600毫米×450毫米×5毫米的KT板、多动力模块、配重片、松木条等。

（2）工具包括美工刀、热熔胶枪、胶棒、砂纸、笔等。

（3）飞机起飞方式为手掷，采用大赛组委会统一分发的动力模块产生动力进行爬升。

（4）模型必须拥有飞机的基本特征。

（5）模型制作时，只允许使用提供的材料和工具。

（6）飞机的翼展不小于700毫米，其他参数不限。

3.参赛选手

（1）该项目每队最多报2组，每组不超过3人。

（2）组内人员共同完成制作，飞行手为组内的任意一人。

4.比赛方法

（1）比赛分为三部分，包括制作、调试和飞行。

（2）制作过程中不允许飞行。

（3）每次飞行前须和裁判员声明该次飞行为调试还是正式飞行，正式飞行仅可以申请一次。

5.场地设置

（1）比赛场地包括制作场地和飞行场地两部分。

（2）场地设置起飞线，所有选手站在起飞线后，向同一方向飞行。

6.成绩评定

（1）当模型飞机离开手中时开始计时，模型最前端第一次落地后即停止计时，留空时间单位为秒，1秒得1分，留空分为S_1。

（2）在飞行期间，如果模型被建筑物等遮挡离开视线范围，5秒内(包括5秒)模型回到视线范围内则继续计时；如超出5秒，模型被遮挡前的时间与被遮挡的5秒之和为S_1，模型被遮挡5秒后的飞行时间不计为最终成绩。

（3）比赛基础分S_2为90分，t为超出规定的时间，单位为分钟，总成绩Z的计算公式为

$$Z=S_1+(S_2-t)$$

通过本书课程内容的学习，同学们了解了航空科技的理论知识，探究了动力系统的构成，掌握了KT板动力模型飞机设计与制作要领。想要在比赛场上"展翅腾翼"，还需要"未来航空工程师"们打牢基础，将理论学习与动手实践结合起来，向着梦想的方向勇敢前行！